完全图解

零基础

建筑模型超简单精通

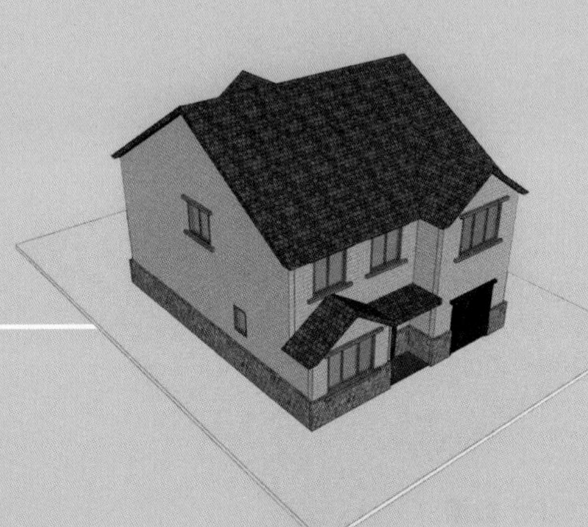

米锐　编著

化学工业出版社

·北京·

内 容 简 介

本书以“便携、速查、图解”为出发点，系统介绍手工制作建筑模型、机械加工建筑模型的具体方法与技巧等知识，涵盖建筑模型基础、建筑模型制作材料、建筑模型制作工具、建筑模型基础制作实战详解、建筑模型深化制作实战详解、建筑模型手工制作实战详解、建筑模型机械加工实战详解等内容。本书附带配套二维码和真实案例，读者可用手机扫码观看，方便阅读和使用。

全书采用图、表、文并茂的形式，内容表述直观、通俗易懂，能帮助读者快速掌握先进建筑模型设计理念与新技术、新工艺。本书适合正在从事或即将步入建筑模型行业的制作员、设计师、投资者阅读和参考，同时也可作为建筑设计、环境设计专业教学参考书或教材使用，还可作为建筑模型企业的理想培训教程。

图书在版编目（CIP）数据

完全图解：零基础建筑模型超简单精通 / 米锐编著
. —北京：化学工业出版社，2021.10
ISBN 978-7-122-39655-6

Ⅰ. ①完… Ⅱ. ①米… Ⅲ. ①模型（建筑）-制作-图解 Ⅳ. ①TU205-64

中国版本图书馆 CIP 数据核字（2021）第 152905 号

责任编辑：朱　彤　　美术编辑：王晓宇
责任校对：刘曦阳　　装帧设计：水长流文化

出版发行：化学工业出版社（北京市东城区青年湖南街 13 号　邮政编码 100011）
印　　装：北京缤索印刷有限公司
787mm×1092mm　1/16　印张 10½　字数 230 千字　2022 年 1 月北京第 1 版第 1 次印刷

购书咨询：010-64518888　　售后服务：010-64518899
网　　址：http://www.cip.com.cn
凡购买本书，如有缺损质量问题，本社销售中心负责调换。

定　　价：59.80 元

前言

建筑模型是按一定比例采用模型材料制作的建筑实体，可以作为建筑与周围环境的重要表现方式之一，也是当前建筑装饰设计以及建筑设计之中比较常见的表现方法。建筑模型制作作为将建筑设计转化为实体模型的过程，即使是在数字化技术为建筑设计带来巨大变革的当下，仍是设计构思和表达以及与观众交流的关键手段之一，为广大设计师所青睐。

本书是一本一看就懂的实用图解建筑模型工具书，涵盖建筑模型制作从入门到精通的技术进阶方法与技巧。其中，第1章以基础知识为主，主要讲解建筑模型的发展、模型类型、模型制作要点、模型图纸绘制、模型制作步骤等相关内容；第2章至第5章逐层深入，从建筑模型制作材料到制作工具，再到建筑模型制作工艺，细致讲解了多种模型材料与制作工具的运用方法；第6章、第7章主要以实践内容为主，辅以真实案例与操作步骤的分析，向读者展示手工制作建筑模型和机械加工建筑模型的方法与技巧。特别需要说明的是，本书附带配套二维码（视频）和真实案例，读者可用手机扫码观看，方便阅读和使用。为了能使广大读者在较短时间内全面掌握相关知识，建议在阅读时请重点关注以下内容。

（1）建筑模型制作一方面是便于设计师能够在三维空间中更立体、更细致地分析建筑造型，包括建筑的结构特征、主要受力点、色彩搭配、空间容纳量等；另一方面，也是为了使建筑结构更具有美学价值。在建筑模型制作过程中，制作人员和设计师要掌握好基础知识和专业技能，为制作建筑模型打下坚实基础。

（2）现代建筑模型制作既需要借鉴建筑学、美学等学科的先进理念，还应具备一定的经济价值和现实指导意义；在建筑模型制作前，还应对建筑所在的区域和环境进行细致的实地调查，涵盖建筑周边环境、地形特征、交通情况、布局、人口密集程度等情况。

（3）建筑模型在制作时应确保模型的稳固性和美观性，既要保证模型各部件的紧密连接，模型所选择的色彩还应符合大众审美，并能凸显出建筑的造型与特色。此外，模型材料的搭配也应当合理，并能够相互衬托。

本书由米锐编著。参与本书工作的其他人员还有闫永祥、彭瑾诚、杨清、曾庆平、金露、张达、万丹、张泽安、万财荣、杨小云、朱钰文、刘沐尧、高振泉、汤宝环、黄缘、陈爽、黄溜、朱涵梅、万阳、张慧娟、汤留泉、牟思杭、王璠、朱紫琪、吕静、赵银洁、史晓臻、潘子怡、孙雪冰、王宇、刘世文、任瑜景、蔡铭、董豪鹏。在编写过程中，得到了作者所在单位（长江职业学院），以及武汉宏图誉构模型科技有限公司与马力总经理的大力支持，本书中商业展示模型主要由该公司制作，在此表示感谢。

由于时间和水平有限，疏漏在所难免，敬请广大读者批评、指正。

编著者

2021年6月

目录

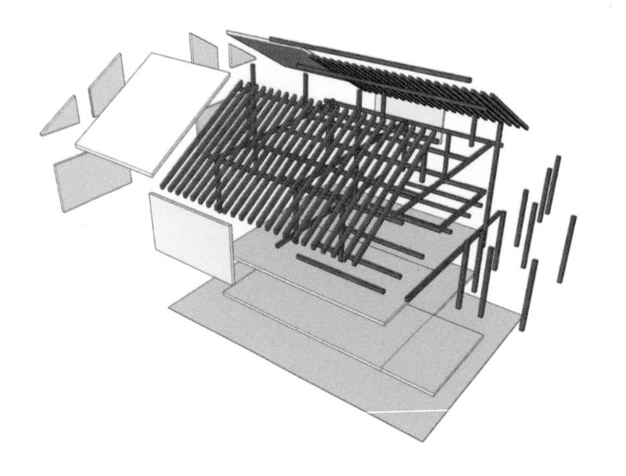

第 1 章

建筑模型 **基础**

第 2 章

建筑模型 **制作材料**

第 3 章

建筑模型 **制作工具**

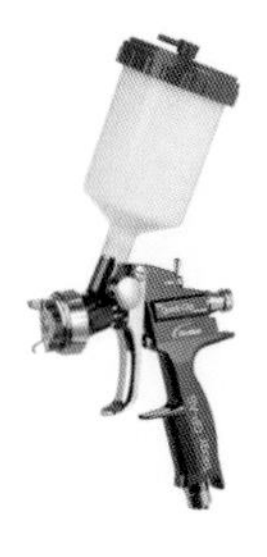

第4章 建筑模型 基础制作实战详解

第5章 建筑模型 深化制作实战详解

第6章 建筑模型手工制作实战详解

第 7 章

建筑模型 机械加工实战详解

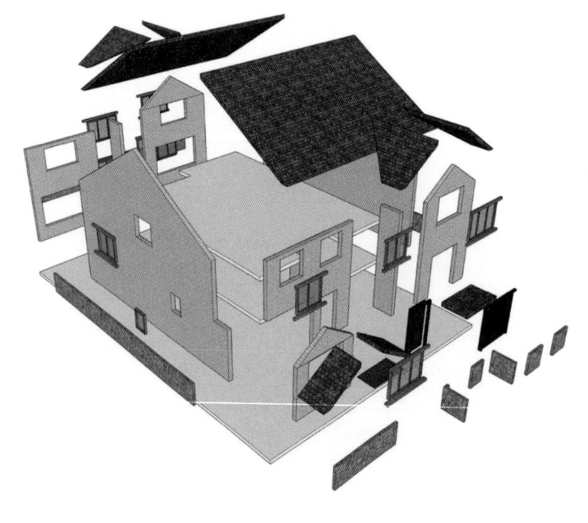

第 1 章

建筑模型基础

识读难度 ★★☆☆☆

重点概念 概述、分类、制作准备、制作要点、图纸设计、制作流程

章节导读 建筑模型的制作过程是建筑设计与再推敲的过程，同时也是检验设计图纸和设计方案是否具备可行性的过程。建筑模型立体化、真实化的设计理念，对于后期整体建设会有很大帮助。由浅入深地了解建筑模型制作知识，能更好地从科技角度和艺术角度重新定义建筑模型。

⬆ 建筑模型

⬅ 建筑模型制作既能表现出建筑的形体结构，同时也能很好地表现出建筑与周围环境的关系，应明确对环境的塑造是丰富和衬托建筑形体的重要手法。目前，现代建筑模型制作多采用机械加工，未来将会更多地采用批量复制的生产方式来制作模型。

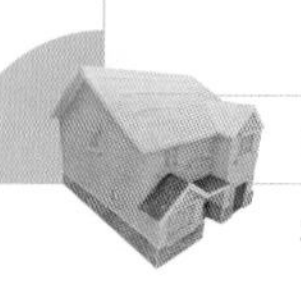

1.1 建筑模型基础介绍

建筑模型是用来表现已存建筑或设计和创造新建筑的一种微缩形体结构，它能够形象、具体地向公众展示建筑的形体特征和艺术魅力。

1.1.1 建筑模型概念特征

随着时代的进步和科技发展，现代建筑模型不再局限于只使用手工制作，更多的是使用雕刻机、3D 打印机等机器和设备来制作、加工建筑模型。

1.1.1.1 概念

建筑模型是用于展示建筑概念设计、建筑设计理念、建筑设计方案的一种直观、形象的结构形体，它具有较好的空间视觉效果，存在于平面设计图纸与实体之间，通过重组结构与色彩搭配，能够将平面与实体相关联，直观地表现建筑设计特色。

1.1.1.2 基本特征

建筑模型通常具备以下特征。

（1）多样性。建筑模型拥有多种造型和色彩，它由不同材料制作而成；根据不同用途，还可分为概念模型、展示模型、研究模型、观赏模型等。

（2）真实性。建筑模型追求真实的比例、造型、质感、色彩和建筑周边环境等，这种真实感可使建筑模型更贴近现实，完美展现出建筑结构的魅力。

（3）时代性。建筑模型的制作材料与工艺具备时代特征，通常选用高科技设备和新兴技术来制作建筑模型，以求得其结构和外观更稳固、细腻。

白色树木不是为了烘托意境，而是通过淡化视觉效果，将观众注意力集中在建筑形体结构上。

橙色建筑结构表现出建筑的主要造型特征，是研究建筑形体审美与功能的重要组成部分。

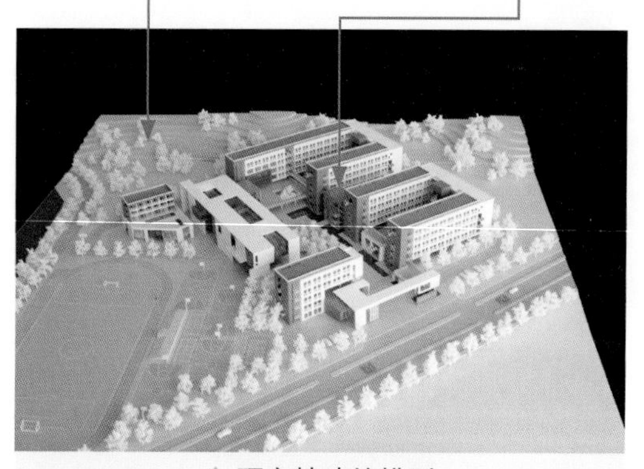

研究性建筑模型

选用真实色彩来表现建筑外部与环境色彩，获得公众的认同。

搭配真实比例的车辆与绿化来衬托建筑形体的精准，强调真实性。

展示性建筑模型

1.1.2 传统建筑模型

1.1.2.1 中国传统建筑模型的发展

中国传统建筑模型多以木质材料制作，以表现建筑的结构。沙盘在我国最早诞生于秦朝，它是另一种形式的建筑模型，最初仅用于战争沙盘，是根据当时的真实地形或地形图，按照比例关系，采用泥沙或其他材料及兵棋等制作而成的。其最初专门作为兵家研究战术、战情的模型，后期逐渐发展为研究城市建设和建筑群规划的建筑模型。

直至清代，先后出现了多种皇家建筑模型，例如圆明园、颐和园、京城王府、承德避暑山庄等。这类模型可为工程建造提供施工依据。当时的建筑模型在结构、意境上都十分符合公众的审美需求，制作技艺高超。

1.1.2.2 西方建筑模型的发展

在公元前 5 世纪的古希腊时期便出现了建筑模型的踪影，这类建筑模型形体较大。西方建筑模型发展至中世纪时，设计思想得到了部分解放，但这一时期的建筑模型形体较小，主要用于在客户面前展示建筑材料和构造，并阐述和说明建筑设计，预测该项工程可能需要的花费等。

在文艺复兴时期，西方建筑模型的设计风格与实体建筑的风格趋于一致，依旧沿袭了古希腊时期和古罗马时期的设计风格，但在材料上多采用实体建筑制造时所选用的材料。自从 20 世纪以后继承了文艺复兴时期传统的包豪斯建筑出现以来，建筑模型更具创造性和生动感，对空间的表现能力也更强了，能为建筑设计提供较重要的参考价值。

现代机械加工、雕刻零部件后组装完成。

木质与纸质制作的建筑模型

严格控制建筑构造的比例关系，将细节塑造完美。
简化色彩表现，强调形体结构与空间关系。

神庙模型

陶土制作，细节塑造严谨。
注重建筑外部装饰细节，将雕塑融入建筑模型中。

雅典卫城局部模型

1.1.3 现代建筑模型

现代建筑模型要求具备一定的研究价值和经济价值，在制作时应更注重功能和美感的体现。

1.1.3.1 商业模型

商业模型追求精致的外观，在制作时会利用灯光、周边景观、周边多媒体设备等以烘托出浓郁的商业氛围；主要表现在灯光效果上，多选用分散光源，这样能更好地展示出商业街区的繁荣。

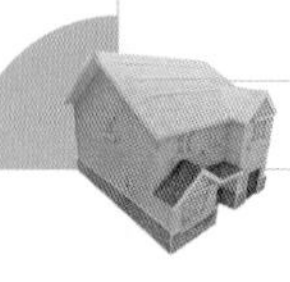

商业建筑模型注重形体大小与高差对比。

内置灯光与外部投射照明融为一体。

（a）建筑规划模型

强调建筑内部局部发光，表现出生动、真实的建筑环境。

追求规划的条理性与秩序感。

（b）建筑室内模型

现代房地产商业模型

a：商业展示模型往往注重表现细节，任何局部细节都有可能成为消费者关注的焦点。在房地产开发时，则可以对建筑进行分级制作：正在开盘销售的建筑可按真实形态制作；未开发建筑可采用透明亚克力板雕刻，占据准确的地理位置即可。

b：置于建筑室内的商业模型，展示只是其中的部分功能；在室内设计过程中，还应随时替换其中的模型构筑与场景布置，替换过程就是不断改进的过程。

1.1.3.2 地形模型

地形模型主要用于表现建筑和建筑周边的地理环境，包括建筑周边的景观环境和人文环境。城市中常见的游乐场、公园、广场、街道、绿化设施等都属于该模型的范畴。地形模型能够很好地表现建筑周边的交通、绿化、河湖等情况，模型中的所有元素都要根据真实比例进行制作。

制作地形的高差，将建筑分布在不同高度的地势上。

（a）别墅群建筑模型

对地块进行划分，通过不同的色彩来体现模型的丰富性。

（b）生态旅游农庄模型

地形模型

1.2 建筑模型的种类

1.2.1 概念模型

概念模型即为概念方案建筑模型。该模型主要用于展示建筑初始设计阶段的设计理念，该模型一般是通过展示建筑初始结构和建筑基础地形等来达到向公众传达建筑设计思想的目的。

在概念方案建筑模型中，多会以平面或倾斜面的形式来表现建筑周边的地形特色，并通过重点强调建筑比例分配和建筑的组成形式来加深公众对该建筑模型的第一印象。

白色 PVC 板制作建筑主体，不着色，可随时变更设计概念。

周边地形制作稍带斜坡，再通过树木覆盖来缓解视觉高差。

（a）建筑规划模型

强化屋顶倾斜造型表现，突出建筑结构特征。

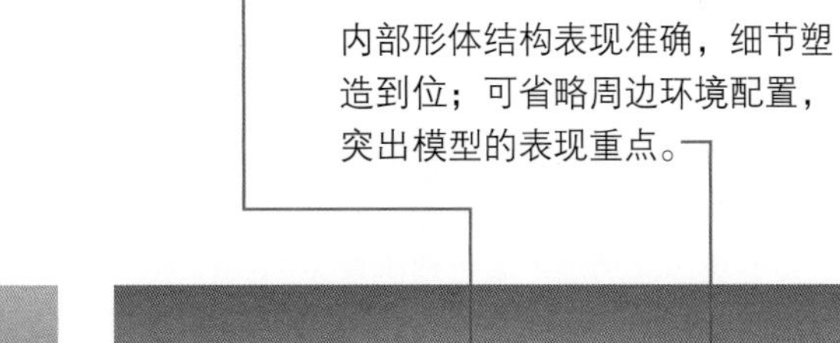

内部形体结构表现准确，细节塑造到位；可省略周边环境配置，突出模型的表现重点。

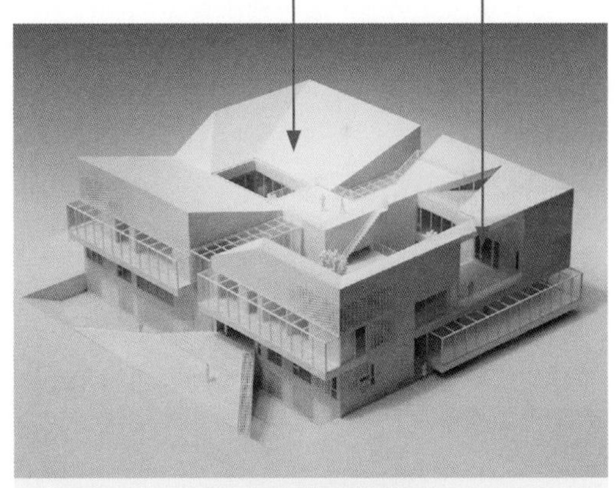

（b）单体建筑模型

⬆ 概念模型

1.2.2 房地产模型

房地产模型（或房地产展示模型）可细分为总体展示建筑模型、区域展示建筑模型和单体建筑模型，根据展示范围的不同，模型制作的要求也会有所不同。

表现建筑的个性造型与细微布局差异。

绿化植物虽然密集，但是不能遮挡道路；为了强化道路，还需要布置发光灯具。

（a）别墅区模型

强调建筑模型与道路、绿化、水景之间的穿插，表现出丰富、复杂的视觉效果。

（b）度假区模型

房地产展示模型

小贴士

房地产展示建筑模型制作的收费

房地产展示建筑模型的大小、比例、灯光、基座材质等都会影响最终的造价和成本，价格多在几万元至几十万元之间变化；也有部分制作精细、内容繁杂的建筑模型，这类模型收费会更高。房地产展示建筑模型的制作多按照平方米收费，计价需要参考模型设计图纸和模型制作材料的市场价，通常模型占地面积按每平方米计，一般为 5000～10000 元。

1.2.3 展览模型

通常将博物馆、纪念馆等场所，用于表现建筑文化的模型称为展览模型。这类模型具有一定的历史价值，主要用于展示某一时期的地形特色和建筑特色。

单体建筑高度均衡化能表现出规模宏大。

模型材料色彩单一，注重明暗层次对比。

（a）建筑规划复原

拆除部分建筑结构，表现建筑内部构架。

外围不设辅助建筑，仅通过人物模型来衬托建筑形体。

（b）建筑结构解剖展示

展览模型

1.3 建筑模型制作要点

1.3.1 工具和材料

用于建筑模型制作的工具和材料种类较多，在制作伊始应了解清楚相关工具和材料。

1.3.1.1 工具

制作建筑模型常用的工具品种很多，主要包括：测量类工具，如直尺、三角板、角尺、比例尺、游标卡尺、模型模板、蛇尺等；切割类工具，如勾刀、手术刀、裁纸刀、角度刀、剪刀、切圆刀等；锯切工具，如钢锯、手锯、电动手锯、电动曲线锯、电热切割器等；打磨锉削工具，如砂纸、锉刀、台式砂轮机、抛光机、砂纸机等。此外，在模型制作过程中，还会用到一些机械设备，如喷绘机、雕刻机、3D 打印机等。

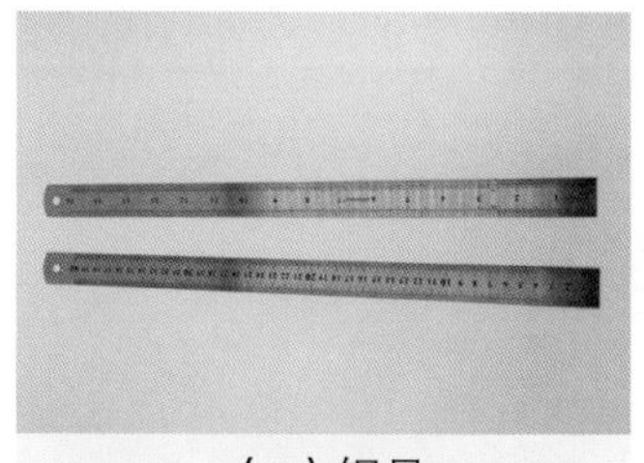
（a）钢尺

（b）三角板

（c）凿子

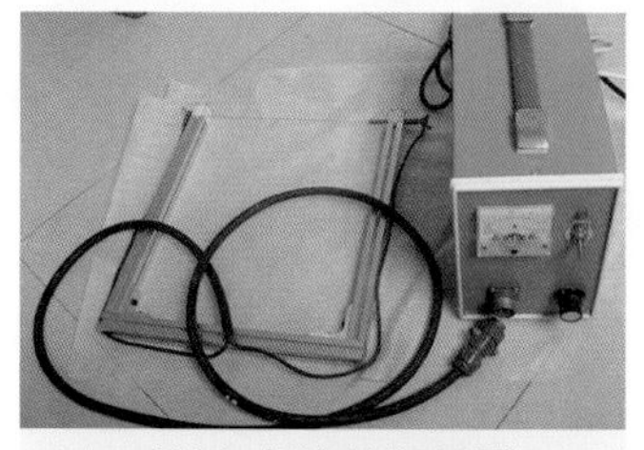
（d）电热丝切割器

（e）台式砂轮机

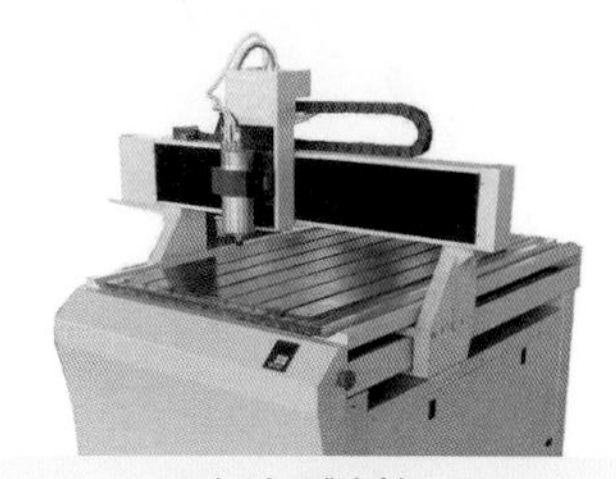
（f）雕刻机

制作建筑模型需准备的部分工具

1.3.1.2 材料

常用的建筑模型材料主要有纸质材料、木质材料、塑料、金属材料、玻璃材料、电子设备材料、各类胶黏剂以及配景材料、装饰材料等。这些材料的具体特性在后续章节中会有具体介绍。

在制作建筑模型之前要根据建筑模型的规格和结构选择合适的材料，并采用对应工具将其裁切成型，然后再根据设计图纸将模型的零部件组装在一起。

不同性质的材料适用于制作建筑模型中的不同部位。例如，可用聚氯乙烯（PVC）材料制作建筑模型的毛坯结构；可用 KT 板（KT 板是一种由聚苯乙烯颗粒经过发泡生成板芯，经过表面覆膜压合而成的一种新型材料）制作小型建筑模型的底盘；可用亚克力板制作建筑模型的门窗贴面等。

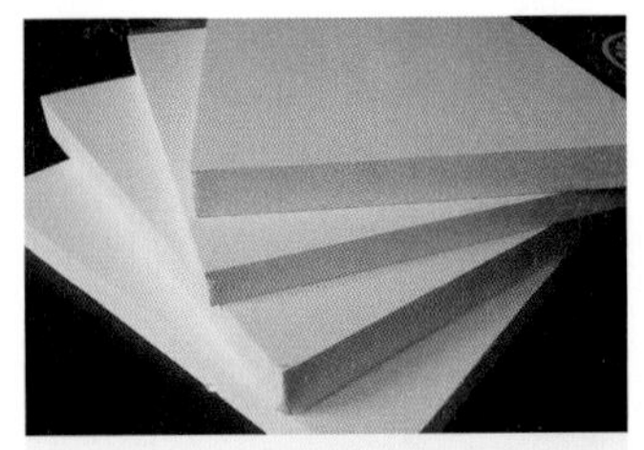
（a）PVC 板

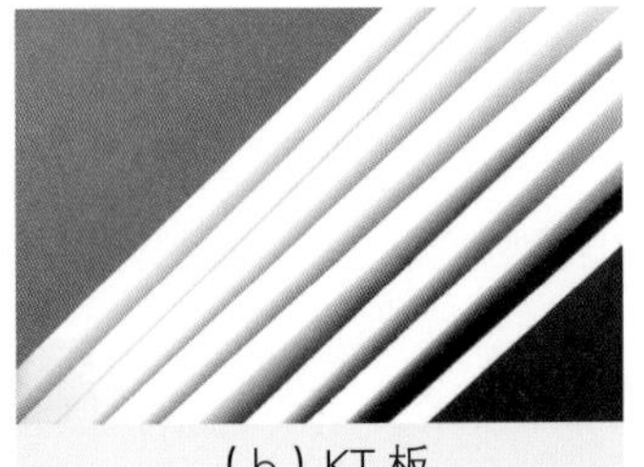
（b）KT 板

（c）亚克力材料制作的窗户

亚克力板雕刻后喷漆制作门扇。
金色锡箔纸制作屋檐。
红色植绒纸制作山墙。

（d）以金属材料为主制作的故宫角楼模型

打印跑道图案粘贴在底板上。
草坪纸铺装在底盘上。
ABS 板雕刻纹理后制作屋顶与外墙构造。
购置的成品绿化树木直接植栽在底板上。
蓝色 PC 板制作河道。

（e）材料的综合运用

⬆ 建筑模型所需的部分材料

1.3.2 工艺要求

高标准、严要求才能制作出精致的建筑模型，灯光选择、材料切割均应符合模型制作的基础要求，并保持美观。

1.3.2.1 灯光

建筑模型在选择灯光时要遵守主次分明的分层原则，要明确整体区域主要灯光的分布位置和照射方向，并能根据建筑周边不同的景观选择不同的灯光。

1.3.2.2 切割

精准的切割能够帮助获得贴合无缝的建筑模型零部件。应根据材料厚度和质地软硬选择合适的切割工具，这也是为了避免材料出现断裂和裁切不平等状况，可以提前在建筑模型材料上绘制出切割参考线。此外，为了控制好切割速度，切割时应逐渐加快切割速度，并做好安全防护工作。

建筑模型对灯光的合理运用

精准切割后拼接的局部建筑模型

左：住宅区域内的水景或建筑建议选择暖色灯光，建筑周边的绿色植物则可选择冷色光源，彼此间相互映衬。注意所选择的灯光要具备丰富性和层次感，要能很好地烘托出该建筑模型的氛围。
右：根据设计图纸切割建筑模型的零部件后还要对其进行打磨。应注意打磨厚度，不可过度打磨。

1.3.3 电子设备

建筑模型制作常用的电子设备包括 LED 显示屏、小型灯具、开关、电动机等。这些电子设备能够赋予建筑模型美轮美奂的视觉效果。

大型 LED 显示屏

模型专用灯带

建筑模型中的电动机

左：LED 显示屏还需要植入配套软件与图文、视频信息，形成独立且完善的模型拓展媒介。LED 显示屏主要用于建筑模型中的 LOGO（标识）部分，也可用于表现电子版本的建筑模型和建筑模型设计说明。
中：LED 灯带价格低廉，是现代建筑模型照明的首选，能形成点、线、面、体综合发光；既可赋予建筑模型不同色度、暖度和明度的灯光，又可给予公众不同的情感感受，同时还能烘托不同的环境氛围。
右：以电动机提供动力，用于模拟流水、风力等辅助配套设施，营造出丰富、真实的视觉效果。

使用电子设备时要注意用电安全，要在规定的环境内安装电子设备。电子设备不能在潮湿、高温环境下使用。建筑模型材料必须时刻保持干燥状态，制作模型的过程必须在干燥、通风环境中进行。因为潮湿会破坏电子设备的绝缘层，会导致电子设备表面的防护层迅速老化，从而减弱电子设备的耐用性。

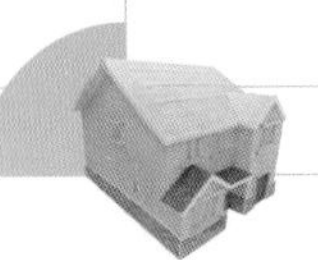

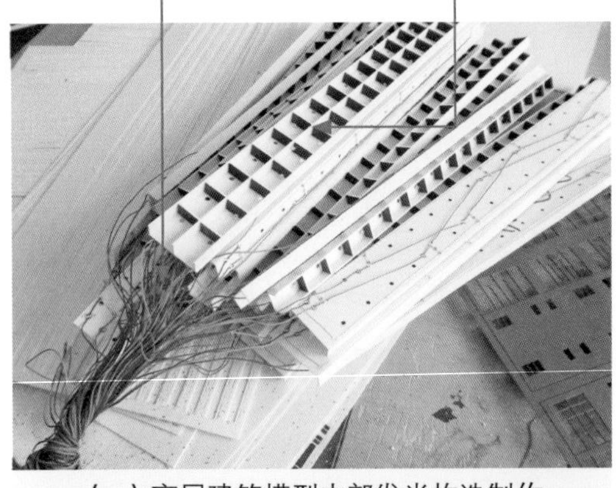

电线汇集后从模型穿过展台底部，汇集、连接。
ABS 板制作建筑内部构造，用于支撑灯具安装。

（a）高层建筑模型内部发光构造制作

开关控制器能编程控制灯光开关时间与颜色变化。
电源将普通 220V 交流电转换成 12V 直流电，为灯具供电。

（b）模型展台底部设备预连接

⬆ 建筑模型中的电子设备

a：使用电子设备时要避免出现电磁干扰的情况，要合理布置灯具，电路设计符合设计要求，并避免将其与大功率电机放置于一处。在使用电动机之前应做好通电测试，检验其是否能正常运行，机体运行一段时间后是否出现发烫或卡顿等情况。如果发烫严重，应当立即关闭电动机，并检查电动机内部是否出现短路现象。

b：安装电子设备时要考虑好散热问题，应对建筑模型的底盘做好基础防火和防锈处理工作。

1.4 建筑模型设计基础

1.4.1 绘制草图

草图能够简洁地向公众阐述建筑模型的设计思想，它具有比较强的可变性，同时也能赋予建筑模型更多的可能性；草图既能快速记录灵感，同时也能作为后期详细图纸的绘制根据。

为了简洁起见，以下本书参考图纸中没有具体标注单位的数字，其所采用的单位均为毫米（mm）。

1.4.2 绘制雕刻图纸

建筑模型的雕刻图纸多使用 Auto CAD 或其他绘图软件绘制，图纸经过多次审核与确认无误后，便可导入雕刻机进行模型的雕刻。

设计草图不能过于草率，应当采用尺规工具进行绘制。

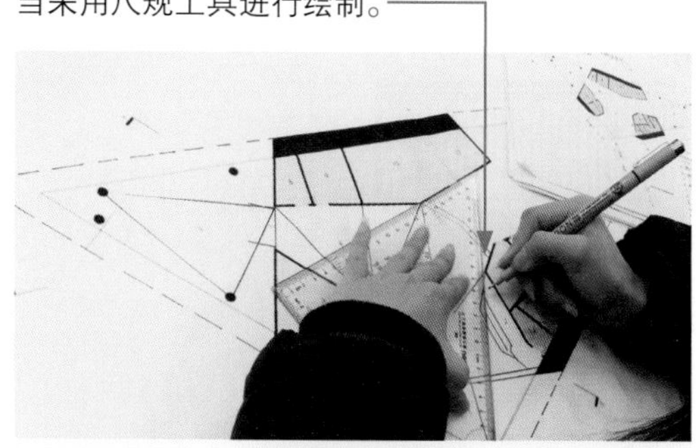

建筑模型草图

采用机械雕刻机雕刻 ABS 板，能精细雕刻出建筑造型细节，精细度可达 1mm。

根据图纸一次性雕刻出模型构造

左：绘制建筑草图要能够从宏观角度上考虑建筑模型的设计思想，确定主体建筑与次要建筑之间的比例关系，明确主体建筑与周边地理环境之间的比例关系和不同规格的次要建筑之间的比例关系等。

右：雕刻绘制要满足编程的要求，为了给雕刻机的刀具路径编程提供合适的加工空间，在绘制时要确保图纸上的图形均能形成一个闭合区域；这样既能减少雕刻机的数据处理量，所雕刻出来的图形也能更完整，准确性也会更高。

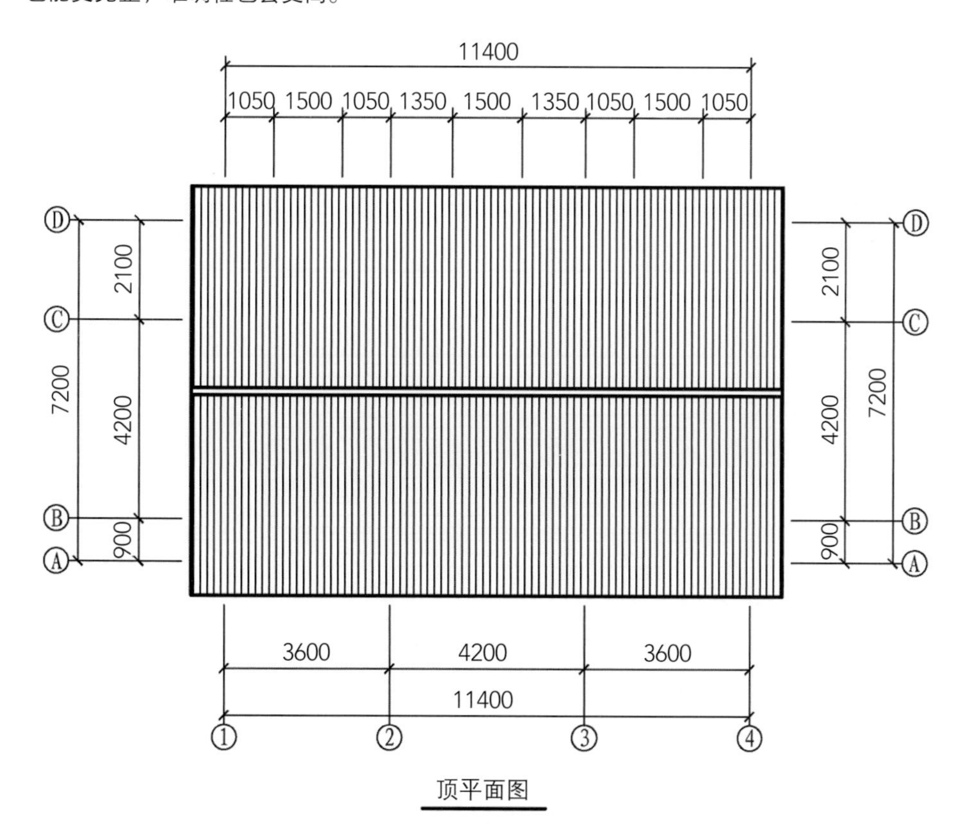

顶平面图

建筑模型雕刻图纸要求具备准确性，所绘制的图纸要能够准确反映出模型中各元素的形状、大小以及与周边元素的比例关系。绘制要在规定时间内完成，且期望能在比较短的时间内完整地将建筑模型的内容表现在图纸上，且图纸上的各元素绘制均符合标准，尺寸、大小、比例等都没有任何差错。

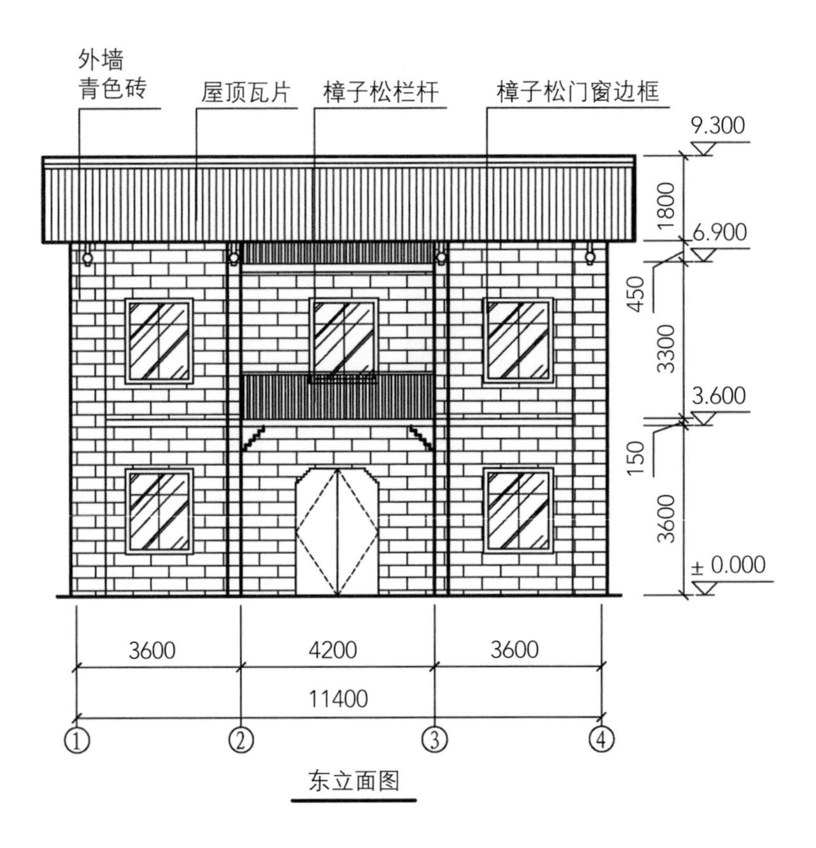
外墙
青色砖
屋顶瓦片
樟子松栏杆
樟子松门窗边框
9.300
1800
6.900
450
3300
3.600
150
3600
± 0.000
3600
4200
3600
11400
1
2
3
4

东立面图

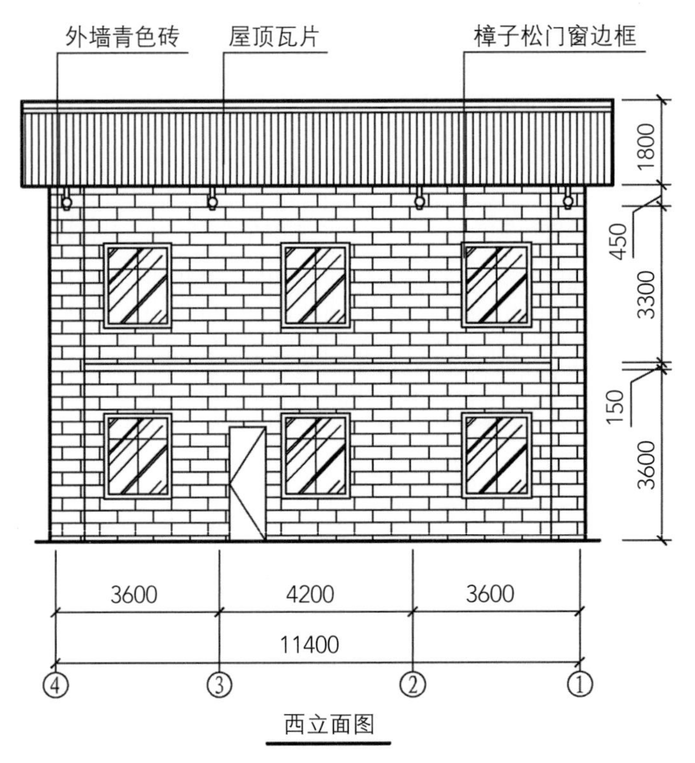
外墙青色砖
屋顶瓦片
樟子松门窗边框
1800
450
3300
150
3600
3600
4200
3600
11400
4
3
2
1

西立面图

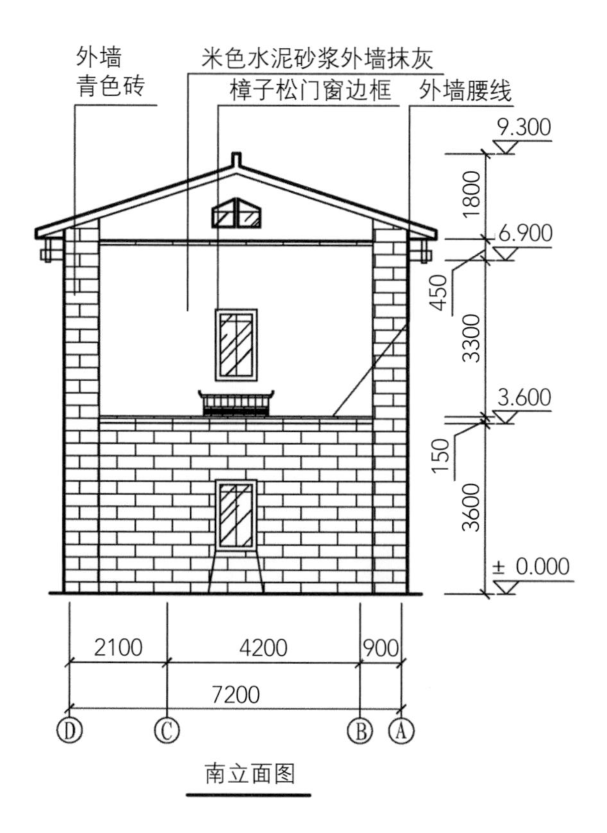

南立面图

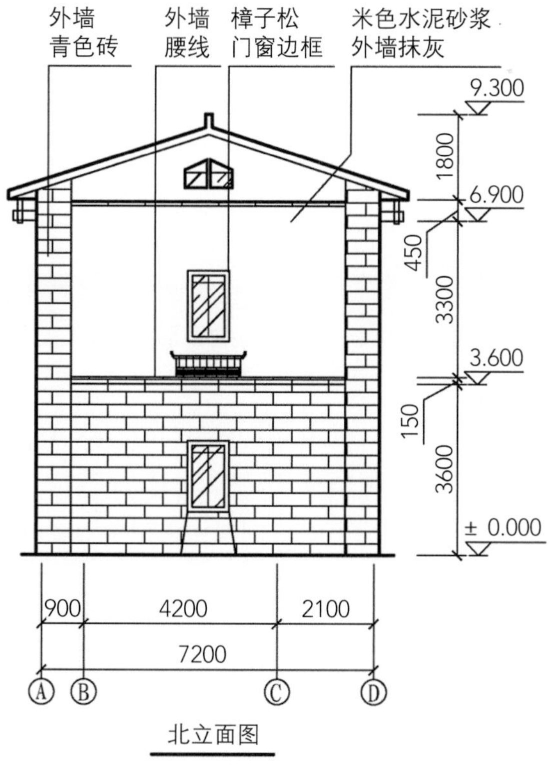

北立面图

雕刻设计图纸

1.4.3 建筑模型拼装图纸

建筑模型拼装图纸分为模型整体图纸和模型拼装分步图纸，图纸上配有拼装步骤和拼装时应注意的事项，详细说明了不同结构之间应当如何连接，以及结构连接时可能会用到的黏结剂等。

拼装图纸的存在能够提高建筑模型制作的效率，具有比较强的立体效果，且透视关系也比较强；可展示出建筑模型材质、色彩、空间结构和空间比例等特点。

模型结构爆炸图逻辑严谨，每一步拼装步骤都具有比较强的指向性，且建筑模型结构之间的接合关系也都绘制得十分清晰。

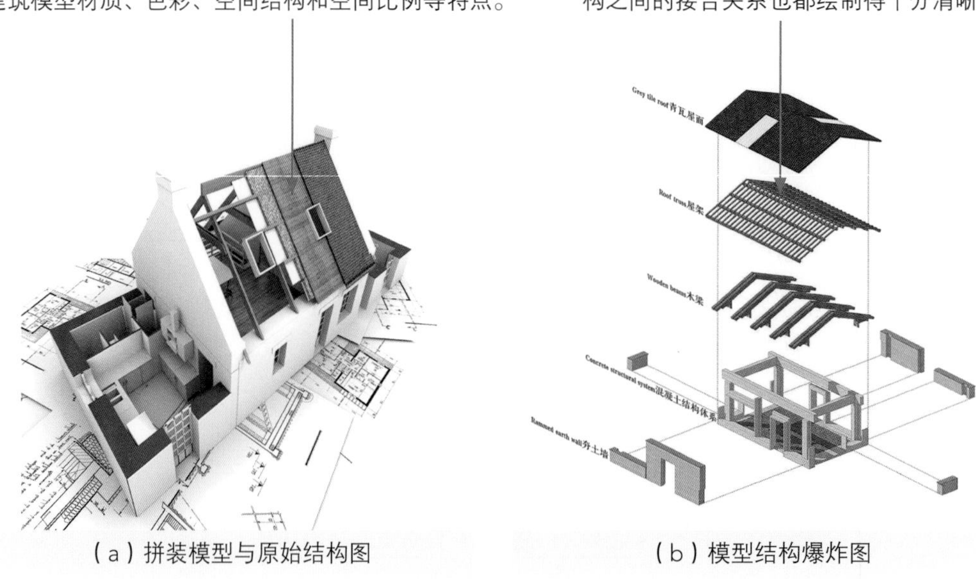

（a）拼装模型与原始结构图　　（b）模型结构爆炸图

建筑模型拼装图纸

1.5 建筑模型制作基础

建筑模型制作和所有产品一样都需要遵从既定步骤，这种有序且有逻辑的制作步骤能够有效提高建筑模型制作的工作效率。

1.5.1 图纸定稿与放样

图纸定稿是指审核并最终确定建筑模型的设计图纸。这是建筑模型制作的第一步，主要审核内容包括：图纸中建筑结构的尺寸是否正确；建筑形态是否正确；建筑和周边配景的比例是否正确；建筑与建筑之间的相对位置是否正确；建筑与周边环境的相对位置是否正确等。

放样是指根据设计图纸，在材料上放线定位，精准刻画出建筑模型的轮廓形体。

⬆ 板材放样

采用曲线切割机对板材进行切割，底部采用木芯板制作井格状骨架支撑。

⬆ 根据放样切割

1.5.2 选配材料加工

放样完成即可开始模型制作。首先，需要根据模型设计图纸选择合适的材料，例如建筑结构可以选用 ABS 板制作，建筑底盘可选用木质材料制作，建筑栏杆可选用金属材料制作等。随后选定加工工具，根据设计图纸裁切材料，将其加工成型。

（a）初步雕刻

（b）细节加工

a：裁切、加工成型时要注意模型零部件凹凸部位的细节处理，并保证加工后零部件的四边能处于一个平整的状态，触感平滑，表面不会有毛刺，且加工成型的模型零部件形态也很完整，没有残缺。此外，对雕刻完成的边角毛刺应当采用人工精修。

b：最直接的加工方式就是使用机械雕刻机对 ABS 板进行雕刻，这种加工方式效率很高。

1.5.3 组装零部件

建筑模型基础组装是通过使用黏结剂、焊接工具、榫卯结构等技术，将模型的各零部件接合在一起，组装模型各零部件时要保证模型边角的一致性。

（a）未裁切的零部件

（b）模型零部件打磨

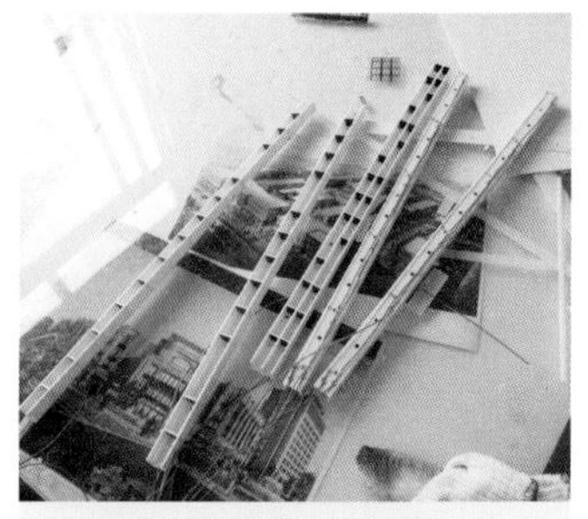
（c）拼接完成的零部件

⬆ 模型局部组装

a：建筑模型组装之前需要对各零部件进行修整，建模型构件可从板块上拆卸下来，擦拭雕刻或切割时的粉末。

b：可利用锉刀、笔刀、模型笔以及打磨砂纸等对其边角区域进行打磨和修饰。其中，笔刀的笔头部位为刀片，有 45° 角（用于切割模型不需要的边角）和 30° 角（用于雕刻、切割）两种；模型笔则可用于填补模型零部件的缺口，可使模型更完整。

c：建筑模型零部件修整完毕，即可根据设计图纸进行组装。组装之前，应当根据结构形态和功能区域的不同对模型零部件进行分类。

1.5.4 选择配景饰品

配景饰品能丰富建筑模型的内容，并在有限的空间内烘托建筑模型的环境氛围，使建筑模型更具真实感。常见的配景和修饰品，包括路边树木、路灯、水景、汽车、小雕塑、长椅等。

1.5.4.1 树木

建筑模型中的树木多会选用成品绿植树木。这种树木色彩丰富，规格较多，能够满足不同比例模型的需要，也可使用铜线或其他金属材料缠绕制作独具特色的景观树。

（a）成品绿植

（b）金属制作的树木

（c）模型成品与汽车

⬆ 建筑模型配景材料

a：现代建筑模型多采用购置的成品树干，再用自行粘接泡沫树粉的方式来制作树木。

b：可以采用金属丝自行制作树干。但是，会消耗较多人力，并不划算。

c：车辆大多为购置成品件；对于放大比例的建筑模型，还会购置高仿真玩具车模，成本较高，多适用于地产商业建筑模型。

1.5.4.2 水景

建筑模型中制作水景时多会选用蓝色半透明 PC 板。这种板材能够营造比较真实的水面效果，也可利用玻璃胶带和彩贴纸来表现流动的水，这种材料形成的水景也具有比较强的真实感。

(a) 自由形态水面

(b) 规则形态水面

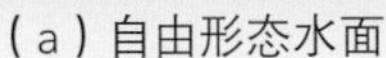

建筑模型水景与灯光

a：水面周边的灯光安装在透明板材下部，从侧面发光。

b：透明亚克力板的硬度与透光度都非常好，常用于制作大面积静态水池。当水面面积达到 $1m^2$ 以上时，可考虑采用钢化玻璃。

本章小结

建筑模型能够利用立体化和特殊化的形态以体现建筑方案的设计特色和建筑产品的造型、结构、功能、空间效果等。通过对建筑模型的分析，设计师们能够更深入地理解建筑建造的可行性。这种模型可应用于较多领域，我们熟知的房地产开发与商品房销售项目、建筑设计工程、城市新建与再建工程、招商合作与投标项目等都会用到建筑模型。

第 2 章

建筑模型制作材料

识读难度 ★★★☆☆

重点概念 纸、木材、塑料、金属、玻璃、电子设备、其他辅助材料

章节导读 用于制作建筑模型的材料多种多样，不同材料因其特性不同，加工方式也会有所不同。在制作建筑模型之前，要根据模型用途、使用环境、具体造型等因素选择合适的材料。目前，主要可以通过手工和机械两种方式制作建筑模型。这两种制作方式需要选择不同的材料，所使用的加工设备也会有所不同。但相同的是，这两种方式都能加强设计者与建筑模型之间的联系。

⬆ 机械加工制作的建筑模型

左：机械加工制作的建筑模型有很强的塑造能力，能深入表现建筑模型的细节造型，搭配灯光照明后，具有细腻的表现效果。

2.1 纸质材料

纸质材料可用于制作中小型建筑模型，是生活中比较常见的材料，主要可通过切、剪、雕、折等方法将建筑模型的具体形态呈现出来。

2.1.1 纸质材料特性分析

纸质材料因其外观性能不同，具有不同色度、尺度、平滑度、粗糙度与厚度等；又因其力学性能不同，而具有不同的耐折力、抗张力、撕裂力等。

左：纸质材料的优势在于纹理、色彩非常丰富，厚度小，便于裁切。当找到相应的纸质材料后，可以通过打印得到各种图案、色彩的纸质材料。

⬆ 以纸质材料为主的建筑模型（何秀峰、程乾）

建筑模型中所运用的纸质材料主要有以下几种，具有代表性。

2.1.1.1 瓦楞纸

瓦楞纸原材料为瓦楞原纸，可分为单面瓦楞纸和双面瓦楞纸，自带纹理，可上色。

2.1.1.2 KT 板

KT 板是一种双面白纸泡沫胶板，它是纸与泡沫胶相结合的材料。

2.1.1.3 背胶墙砖纸

背胶墙砖纸表面纹理与墙砖类似，但纹理的比例、大小有所不同，是比较专业的模型制作纸质材料。

（a）瓦楞纸制作屋顶（周芷媛）

（b）KT 板制作模型主体构造

（c）浅色背胶墙砖纸制作外墙

⬆ 纸质材料应用

a：瓦楞纸主要用于屋顶，需要基层板材或厚纸板衬托，不能单独使用。

b：KT 板用于建筑构造之间粘接，还需要使用其他胶黏剂辅助。

c：建筑外墙板材在切割成型之前，就应当贴好背胶墙砖纸，让镂空造型一气呵成。

2.1.2 不同纸质材料对比

不同的纸质材料有着不同的特性，可用于制作建筑模型的不同部位，具体可参考表 2-1。

表 2-1 纸质材料对比一览表

名称	图示	特性	用途
卡纸		表面细腻、光滑，纸质厚薄度比较平均，耐折度较普通纸张好，可以轻易造型	用于制作扶梯、栏杆、阳台、基础骨架等部分，或制作家具和小型桥梁
瓦楞纸		硬度和坚挺度较好，耐压性、耐破损性和延伸性能都相当不错	用于制作屋顶部分
镭射纸		具有银白色的光泽，表面色彩艳丽但不刺眼，能产生比较好的视觉效果	用于制作外墙装饰部分
花纹纸		表面纹理丰富，能形成比较好的浮雕效果	用于制作道路、墙面、绿地及花圃等部分
渐变色纸		表面色彩变化具有一定的秩序性与调和性	用于制作墙面、地坪等区域的装饰部分，也可单独作为背景存在
刚古纸		具有比较强的坚韧性，质地坚硬，表面顺滑但不会反光；既可自由卷曲，也可自由裁切和粘接，弹性和干燥性比较好	用于制作外墙部分
KT 板		结合了泡沫与纸的优良性能，质地比较坚硬	用于制作外墙部分和内隔墙装饰部分

续表

名称	图示	特性	用途
背胶墙砖纸		表面纹理丰富，有瓦纹、石材纹等，能营造出真实的视觉效果，装饰效果较好	用于制作墙面装饰部分
植绒纸		表面色泽艳丽，质地柔软；可自由裁切和粘接，弹性也十分不错	用于制作球场、草坪、地毯及绿地等部分
砂纸		表面磨砂感比较强，色彩也比较丰富	用于制作沙滩、道路等部分，也可在砂纸表面刻字，用于建筑模型底盘的装饰部分
罗莎纸		具有比较好的韧性和透气性，表面比较光滑，色彩比较丰富	用于制作外墙装饰部分
彩砂纸		不会轻易被水打湿，表面色彩丰富，且不会轻易起毛，纸张的强度也比较好	用于表现混凝土墙面，真实性比较强
棉纸	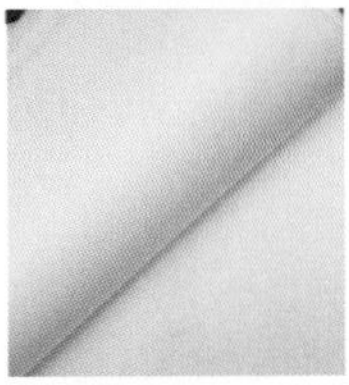	色彩丰富，纸张质地柔软，表面有细微的凹凸感，触感和装饰效果较好	用于表现纤维特色，能营造比较好的建筑氛围
吹塑纸		质地较软，价格不高，加工也比较方便；表面色彩比较丰富	用于模型的构思阶段，所制作的造型比较粗糙

2.2 木质材料

木质材料多用于制作木质建筑模型或建筑模型的底盘，不仅加工方便，造价也相对便宜，且木质材料纹理也能为建筑模型带来不错的装饰效果。

机械切割后边缘为褐色。

松木板质地较轻，可用于复杂多变的建筑造型。

板材采用插接构造。

（a）幸福·居（李珊珊）

榉木板质地较软，价格较高。

地面选用棕黄色花纹纸铺装，衬托浅色木纹。

手工切割后边缘为原色。

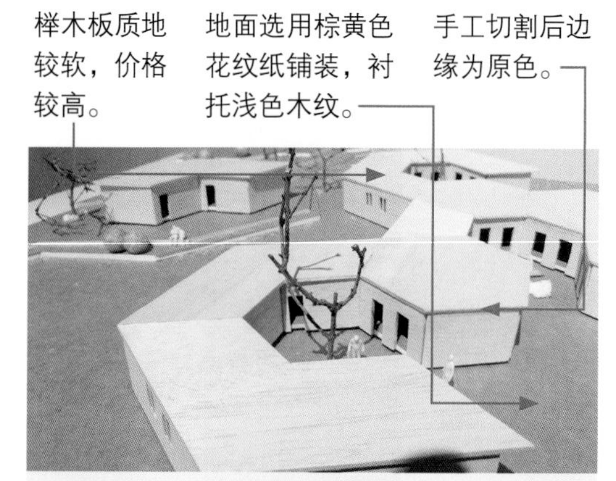

（b）聚（王婧雯）

⬆ 木质材料应用

2.2.1 木质材料特性分析

木质材料是制作建筑模型的基础材料，根据建筑模型体量的变化，所选择的木质材料规格也会有所不同。木质材料可自专门售卖木质材料的建材市场小批量批发购入，也可到专业模型商店选购。

不同种类的木质材料规格会有细微差别，有些为板状，有些则为条状。在制作之前，可根据建筑模型的设计图纸对木质材料进行必要的切割。木质材料由于本身结构的原因不具备良好的防火性能，且十分容易受到虫害的影响，因此在制作建筑模型时要对木质材料做必要的防虫、防火处理。

优质木质材料纹理清晰且质地较轻，加工比较方便，也容易成型，能够轻易着色，可塑性也较强。具有代表性的木质材料主要为以下几种。

2.2.1.1 硬木板

硬木板是使用木材废料加工而成的热压成型板材，板面宽度较大，加工比较方便，且在硬木板的表面还可以添加不同的贴面板和装饰面板。

2.2.1.2 微薄木

微薄木是一种花纹比较丰富的木质贴面型材料，厚度为0.5～2mm。

2.2.1.3 细木工板

细木工板是一种特殊的胶合板，具体可分为实心细木工板、空心细木工板、胶拼板芯细木工板、不胶拼板芯细木工板、三层细木工板、五层细木工板、多层细木工板等。

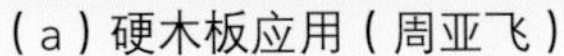
（a）硬木板应用（周亚飞）

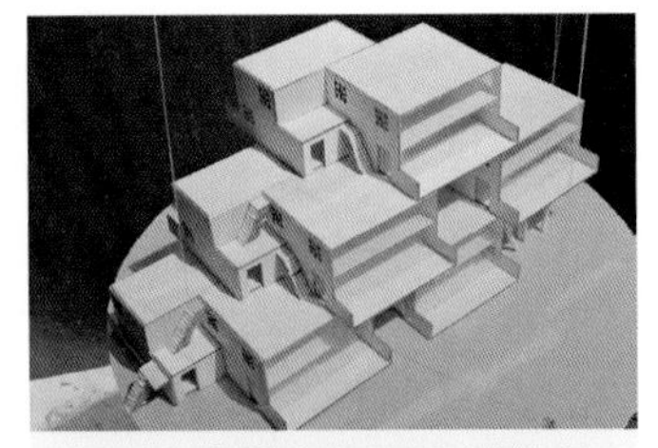
（b）微薄木应用（刘萌）

（c）细木工板应用（赵爽等）

⬆ 木质材料应用

a：硬木板厚度较大，经过切割后可以直接用于模型结构制作。
b：微薄木板可以直接用于小体量模型制作，不必以基层板支撑。
c：人造木工板裁切比较困难，适用于简单的模型构造塑形。

2.2.2 不同木质材料对比

下面将介绍不同木质材料的特性及用途，具体可参考表2-2。

表2-2 木质材料对比一览表

名称	图示	特性	用途
硬木板		表面平整，隔热性和隔声性不错，但硬木板易受潮变形，握钉力相对较差	用于制作模型底座构造部分
软木板		加工便利，无毒，能赋予建筑模型独特的质感	用于制作地形部分，同时也可用于表现模型中多种木材的肌理
轻木		质地比较细腻，且加工时板面不会轻易断裂，强度和耐水性都十分不错	用于制作需要精细雕刻的部分
微薄木		表面纹理丰富，板面可上色，且触感平滑，板材厚度也比较均匀，不会有明显虫蛀	用于制作面层处理部分
丝柏木条		表面十分平整，可自由着色	用于制作木质骨架部分

续表

名称	图示	特性	用途
细木工板		表面平整，具有较好的耐磨性和耐水性，板材表面不易开裂，耐热性能好	用于制作底盘平面部分，也可用于制作模型中的地形部分
纤维板		质地比较均匀，板面不会轻易开裂，纵、横强度差值较小，容易受潮后翘曲变形	用于制作底盘平面部分
贴面板		耐磨性、耐热性、耐水性能都不错，板面触感光滑，且表面色彩丰富	用于制作贴面装饰部分
装饰板材		品种较多，可赋予建筑模型金属、塑料、织物、石材、瓷砖等效果，板面坚硬，耐火性、耐热性和耐磨性都很不错	用于制作贴面装饰部分

2.3 塑料

塑料主要原料为合成树脂，大部分塑料都具有比较好的透明性、绝缘性及着色性等，制作成本较低。

2.3.1 塑料特性分析

2.3.1.1 ABS 塑料

ABS 塑料质地比较细腻，具体可细分为 ABS 板材、ABS 管材和 ABS 棒材；ABS 板材厚度为 0.5～5mm，ABS 管材的孔径为 2～10mm，ABS 棒材直径为 1～15mm。

2.3.1.2 有机玻璃

有机玻璃（学名为聚甲丙烯酸甲酯，简称 PMMA）也被称为亚克力。与 ABS 塑料一样，其具体可细分为板材、棒材和管材，板材厚度为 0.5～20mm，棒材直径为 1～100mm，管材孔径为 2～100mm。

ABS 板制作建筑墙体与顶棚。
弧形等特殊造型需要采用雕刻机加工。

(a) ABS 板应用（董子菲）

厚度为 2mm 以下的亚克力板可以手工裁切，多用于透光构造。

(b) 有机玻璃（陈雯、沈欢）

⬆ 塑料应用

2.3.2 不同塑料对比

下面将介绍不同塑料的特性及用途，具体可参考表 2-3。

表 2-3 塑料对比一览表

名称	图示	特性	用途
ABS 塑料		综合性能较好，安全、卫生，抗冲击力、耐磨性、抗化学药品性、染色性、机械加工性能等都不错；但 ABS 板易燃烧	用于制作单体模型中复杂构件的雕刻
PVC 塑料		光洁、外观平整，强度高，化学稳定性较好；耐老化性能和易粘接性不错	用于制作墙体、墙面、楼板、水管、地坪装饰和地板等部分
PC 塑料		质地比较细腻，化学性能稳定，不仅造价成本较低，染色性、易加工性和耐候性都比较不错；容易老化	用于制作平面水景
聚苯乙烯泡沫塑料		具有比较好的弹性和可收缩性，可塑性和上色性都比较好	用于制作底盘、厚实构造填充
有机玻璃（PMMA）		质地细腻，挺括性、着色性、热塑性、抗拉性、抗冲击性、可加工性等都十分不错；具有较高的透明度，化学稳定性较好，机械强度比较高	透明板用于制作模型外罩，有色板用于制作模型骨架与玻璃门窗、幕墙等；珠光色、荧光色等有机玻璃可用于制作屋顶、地坪、阳台、装饰雕塑和路面等

2.4 金属材料

金属材料有热加工和冷加工两种加工方式，具有良好的韧性、导热性、导电性、防水性和防腐性，质地比较坚硬。在制作建筑模型时，需要专业工具配合，对其进行基础切割。

2.4.1 金属材料特性分析

2.4.1.1 铁丝

铁丝根据粗细的不同可以分为不同类型，且含有不同金属元素的铁丝，其用途也各不相同。

2.4.1.2 金属型材

金属型材主要包括不锈钢型材、镀锌钢型材和合金型材。

ϕ2mm 铁丝采用钳子等手工工具加工。

铁丝框架需要板材围合才能表现模型的构造和特色。

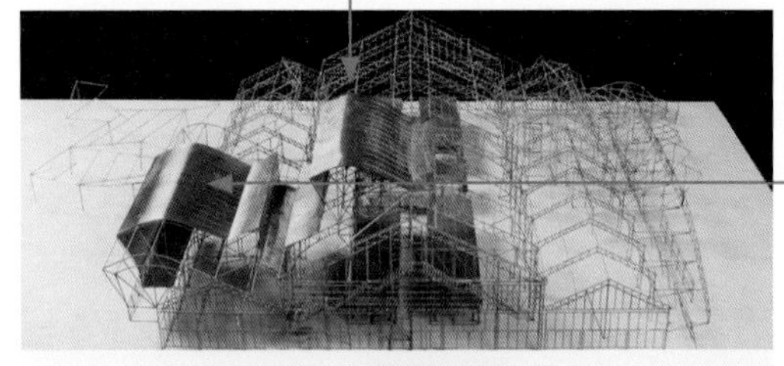

(a) 铁丝运用

主体弧形构造多采用亚克力浇注成型，喷涂金属色漆。

不锈钢板的雕刻图案表现出停机坪布局。

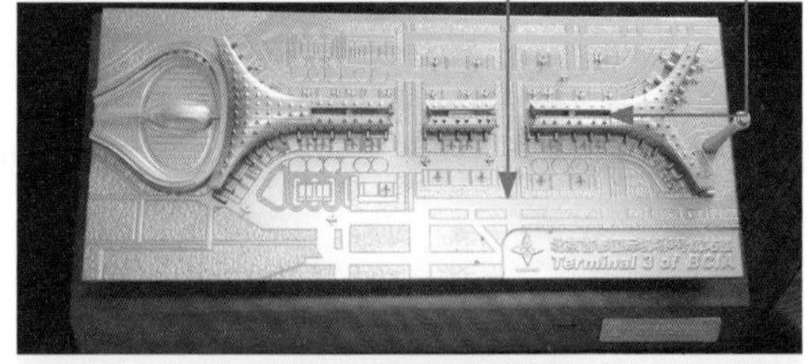

(b) 合金型材应用

⬆ 金属材料应用

2.4.2 不同金属材料对比

下面将介绍不同金属材料的特性及用途，具体可参考表 2-4。

表 2-4 金属材料对比一览表

名称	图示	特性	用途
铁丝		价格比较便宜，可自由造型，加工比较方便	用于制作树木的枝干，也可用于制作栏杆的扶手
薄铁皮		有着良好的抗腐蚀性，且不会轻易生锈	用于表现材料特色，也可用作贴面装饰

续表

名称	图示	特性	用途
铝板		材质较轻，防水性、防腐蚀性、防污性、耐用性等都十分不错，且加工也比较方便；但铝板抗压能力较差，保温性和隔热性也相对较差	用于制作支撑结构、建筑物外观、底盘等部分
金属网格		具有较好的抗腐蚀性能，加工比较方便	用于制作支撑结构、建筑物外观、底盘等部分
金属棒		具有比较好的耐腐蚀性和抗压性，但目前用于建筑模型的频率不高	用于制作楼梯扶手，也可用于表现金属质感
不锈钢型材		具有良好的抗腐蚀性，机械强度和延伸性也都十分不错	用于制作支撑结构、底盘等部分
镀锌钢型材		抗腐蚀性能较好，使用寿命较长，价格比较适中	用于制作支撑结构、底盘等部分
合金型材		具有良好的防水性、防污性及防腐蚀性，机械强度和耐用性都很不错	用于制作支撑结构、底盘等部分

小贴士

沙盘

沙盘是根据现有的航空拍摄资料、地形图、实地地形等资料，按照一定的比例，使用草粉、泥沙及其他材料等堆制而成的模型。由于沙盘中承载的制作材料较多，自重较大，多选用金属材料作为底板，如 2mm 厚的镀锌钢板或不锈钢板。

2.5 玻璃材料

玻璃材料或玻璃自带美感，它所具有的透明性和透光性均能产生比较好的视觉效果，且玻璃自带色彩，能够满足不同的色彩需求。

2.5.1 玻璃材料特性分析

玻璃并不常用于建筑模型制作，它多用于制作建筑模型的外罩。通常采用厚度为 8mm 以上的钢化玻璃，对于超大面积的商业展示模型，则会采用弧形钢化玻璃或夹层钢化玻璃。

玻璃的内部分子排列是没有规则的，且在理想的情况下，玻璃的化学性质、物理性质，如密度、硬度、折射率、热膨胀系数及热导率等在不同方向上的表现是相同的。

玻璃没有固定的熔点。玻璃由固体转变为液体是在一定的温度区域（即软化温度）内进行的。这种特性也赋予了玻璃比较强的可塑性。

2.5.2 玻璃材料应用

石英玻璃系指由二氧化硅制成的玻璃。石英玻璃的原材料为天然石英，它具有比较好的抗振动性，耐热性、耐温性也十分不错。石英玻璃的热膨胀系数比较低，化学稳定性和绝缘性都较好，它所具备的透光性等性能都要高于普通的玻璃制品。石英玻璃可塑性较高，可用于制作建筑模型的外罩。

彩色玻璃是在普通玻璃的基础上加入了各种金属元素，呈现出不同色彩。

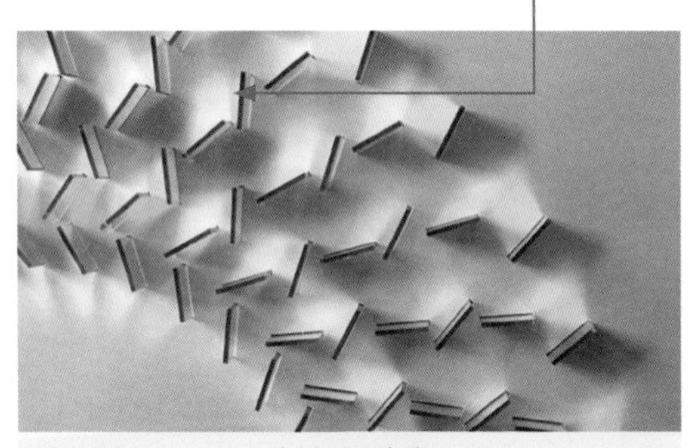

⬆ 各色玻璃

玻璃长度大多不超过 2400mm，需要用连接件辅助固定。

弧形玻璃外罩采用钢化加工，边缘进行倒角处理，强度高。

⬆ 弧形石英玻璃外罩

2.6 电子设备材料

电子设备材料能够更好地丰富建筑模型内容，同时也能提高最终呈现的视觉效果。

2.6.1 发光二极管

灯光照明设备能够提升建筑模型的视觉美感，灯光色彩不同，所营造出的氛围和视觉效果不同；而且不同色彩的灯光经过反射或折射后可形成特殊的凹凸效果，能使建筑模型更具真实性。

（a）局部点缀灯光

（b）建筑自发光

建筑模型照明

a：当建筑模型自身构造简单且照明单一时，可以从外部投射灯光到模型上，强化建筑模型的结构展示。
b：投射光可使建筑模型上的透视光孔呈现出多种形态，如不同且多样的门窗形态、建筑结构形态等。光线通过这些形态时，可呈现形态各异的造型。

发光二极管即为 LED 灯。该设备灯光色彩丰富，使用寿命较长，安全性能较高，抗振动性能也较好。建筑模型根据模型类型和展示要求的不同，分为自发光照明、透射光照明和环境反射照明等，发光体均为 LED 灯。

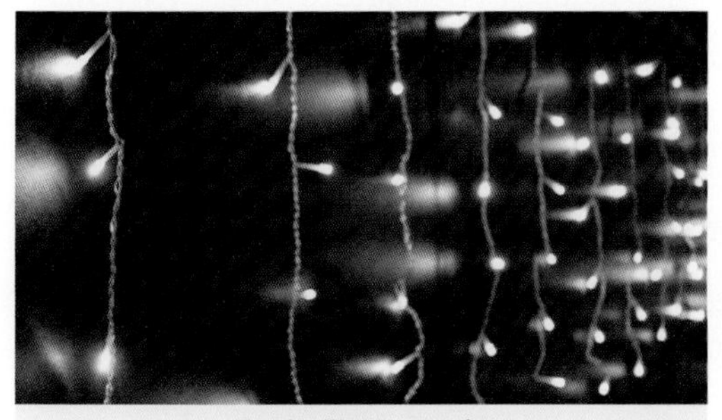
（a）微型 LED 灯

（b）微型 LED 灯应用

LED 灯照明

a：LED 灯属于环保灯具，它的耐冲击力和抗雷击力较强；其对人体基本没有辐射。
b：微型 LED 灯常用于建筑模型之中，用于建筑自发光照明与路灯照明等。

2.6.2 LED 显示屏

2.6.2.1 LED 显示屏简介

（1）概念。LED 显示屏由一定数量的 LED 模块面板组成，是可用于展示文字、视频、图片等信息的电子设备。建筑模型中的 LED 显示屏多用于展示与该建筑模型相关的信息，如周边交通情况、地理环境信息及相关人文信息等。

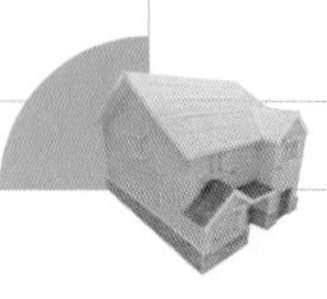

（a）墙面 LED 显示屏

（b）交互 LED 显示屏

建筑模型中的 LED 显示屏

a：LED 显示屏面积更大，可以根据建筑模型的体量进行设计。通常 LED 显示屏的宽度与建筑模型底盘宽度相当，以辅助展示静态模型所不能表达的动态视频信息。

b：LED 显示屏所展示的信息种类包含有文字类信息、图片类信息、视频类信息和动画类信息等。这些信息能增强公众与建筑模型之间的互动感，公众也能从这些信息中更深入地了解建筑模型背后的设计意图。

（2）内部结构。LED 显示屏的内部结构主要包括显示模块、控制系统、电源系统：显示模块主要是利用 LED 灯的点阵结构来使显示屏发光；控制系统是利用调控空间内的亮、灭情况来实现显示屏内容的转换；电源系统则是通过控制电流，从而使其能够满足显示屏的各种需要。

（3）特性。LED 显示屏具有比较长的使用寿命，亮度相对来说也比较高，工作时的性能也比较稳定；还可以根据不同的背景、环境，设定不同的亮度，可大幅提升显示屏上展示内容的视觉美感，同时也能增强播放效果。

2.6.2.2 LED 显示屏制作

在制作 LED 显示屏之前，应当充分了解显示屏的具体组成结构，通常包括单元板、电源、电源线、控制卡、边框、拐角、角铝、螺丝、铜柱、螺帽等。LED 显示屏电源连接示意图、LED 显示屏的制作可按照以下内容进行。

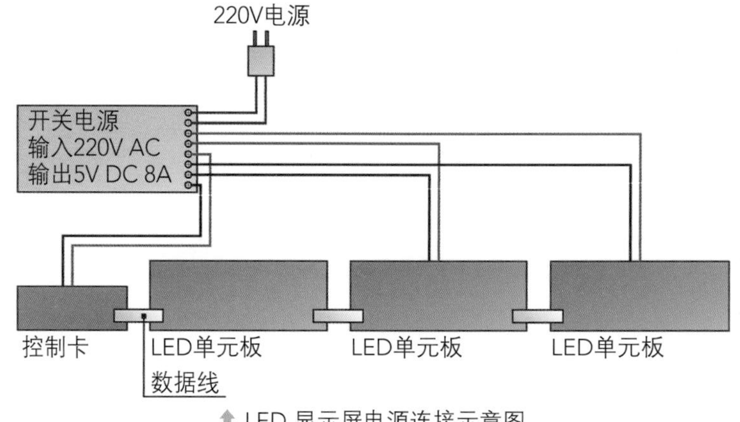

LED 显示屏电源连接示意图

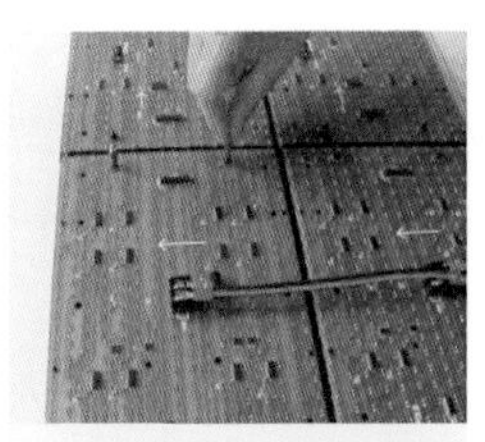
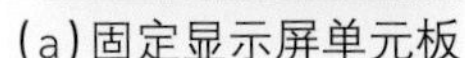
(a)固定显示屏单元板

(b)固定外部支架

(c)连接数据线

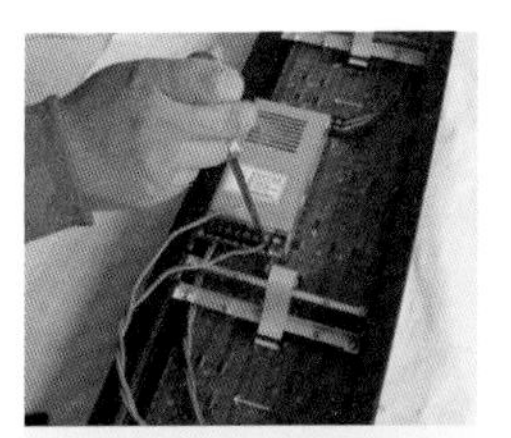
(d)连接电源控制器

LED 显示屏制作

2.6.3 LED 遥控灯

在建筑模型制作中还用到 LED 遥控灯。这种灯具的灯头内安装有无线接收模块，可以自由移动，使用灵活，安装线路也较其他灯具简单。其整体安全性比较高，且该灯具的光源具有不同色彩，亮度也可自行调节，通常遥控距离为 8 ~ 10m。

2.6.4 开关和电动机

开关和电动机是建筑模型中必不可少的电子设备，适当地了解与之相关的信息对于后期的模型制作也会有很大的帮助。

2.6.4.1 开关

开关是使电路呈现开路或闭路状态的电子元件。质量较好的开关具有比较长的使用寿命，能耗较少，稳定性和抗冲击力等都比较强，且一般用于建筑模型中的开关体积都较小，安装便捷，符合建筑模型的总比例要求。

2.6.4.2 电动机

用于建筑模型中能量驱动的电动机体积通常较小，所使用的电压和电流也较小。电动机的使用可使建筑模型更具魅力。

电源将外部 220V 交流电输入后，转化为 12V 左右的直流电，输出给各照明灯具、电动机等用电设备。电源开关在电源的基础上增加了外部接线端头，在分配电源输出的同时，还能控制开关。

(a)电源控制开关

按键开关构造简单，体积小，适用于多种建筑模型的灯光控制。

接线头较细，多用于 12V 直流电控制。

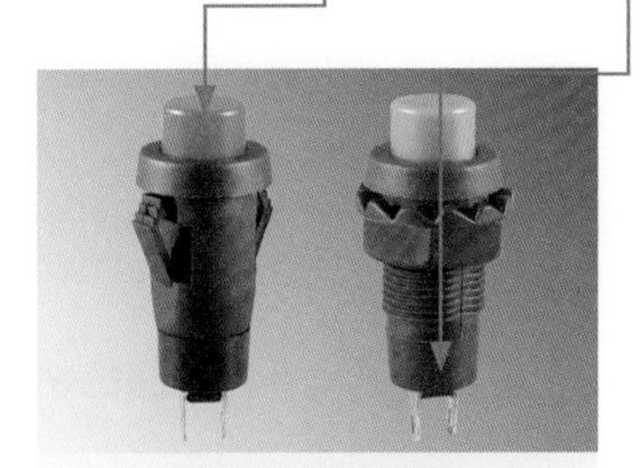
(b)按键开关

在大多数建筑模型中采用玩具电动机即可；如果动力不足，可以增加电动机数量。

(c)小型电动机

建筑模型中的开关

2.7 其他辅助材料

除了上述介绍的材料外，还有一些辅助材料。这些辅助材料也能够丰富建筑模型的内涵，提升建筑模型价值。

2.7.1 胶黏剂

在制作建筑模型时用到的胶黏材料主要包括 502 胶、白乳胶、双面胶带、喷胶、模型胶、AB 胶、PVC 专用胶、亚克力专用胶等。

（a）502 胶

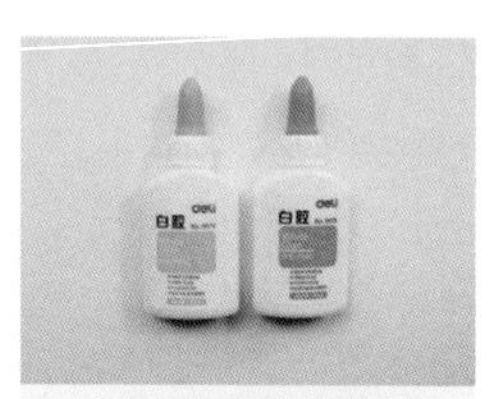

（b）白乳胶

（c）双面胶带

（d）喷胶

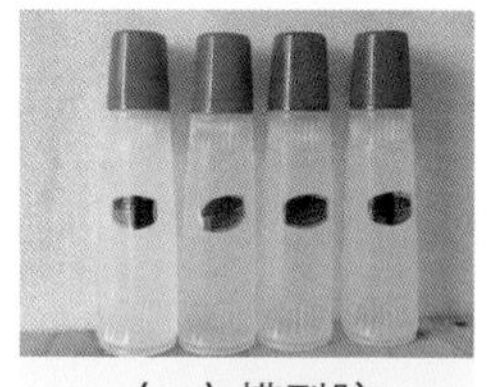
（e）模型胶

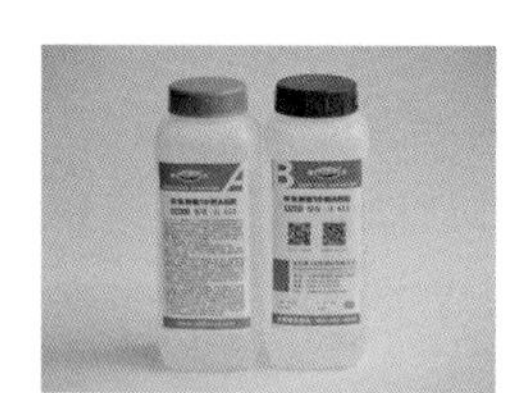
（f）AB 胶

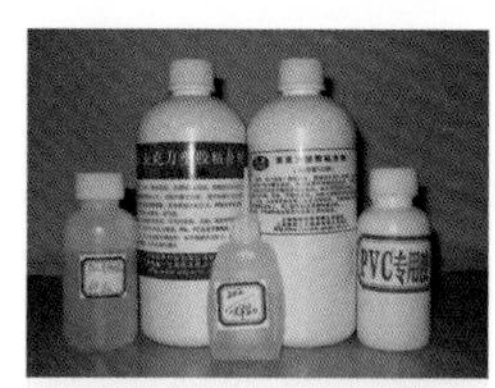

（g）PVC 专用胶

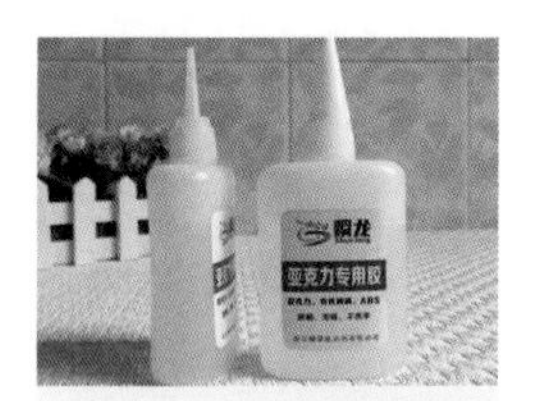

（h）亚克力专用胶

⬆ 胶黏材料

（1）502 胶

502 胶干固速度比较快，可用于粘接各类塑料、木质材料及纸质材料等，黏性极强，且对皮肤伤害较大，在使用时要注意安全。

（2）白乳胶

白乳胶干固速度较慢，比较适用于粘接木质材料、墙纸以及沙盘草坪等部分。

（3）双面胶带

双面胶带使用方便，黏结性较强，适用于平面部分的大面积双面粘接。

（4）喷胶

喷胶适用于纸质材料、贴面板及软木等与毛毡之间的粘接，黏性比较适中。

（5）模型胶

模型胶又名 UHU 胶水，适用于粘接各类塑料和纸质材料，干固速度较快，且粘接后没有明显痕迹。

2.7.2 添景材料

下面介绍几种建筑模型制作时会用到的添景材料，具体可参考表2-5。

表2-5 添景材料一览表

名称	图示	特点与用途
发泡海绵		粗孔发泡海绵多用于制作建筑模型中的树叶模型。细孔发泡海绵在加工后，可用于制作建筑模型中的草坪，细孔发泡海绵质地柔软且弹性十足，孔隙和蓬松度可根据孔洞的大小而有所不同，可塑性较强，加工成本较低
成品树和树叶		采用塑料制作而成，表面色彩丰富，能赋予建筑模型更多的色彩
草粉		颗粒状草粉质感粗糙，适合制作草地基层；纤维状草粉触感细腻，适合制作草地表层。这类材料自身色彩较多，能够为建筑模型营造出不同的绿化效果
仿真草皮		用于制作建筑模型中的绿地，仿真草皮真实感较强，质感较好，触感舒适，加工和安装都比较简单
石头颗粒材料		用于制作建筑模型中的石头路面，有一些石头颗粒材料是由石质材料制成；有一些则是由纸质材料制成。石头颗粒材料可供选择的色彩较多，能赋予建筑模型更多的真实感

补充要点

标准成品材料

1. 基本型材可用于制作建筑模型中的主体部分。这类型材包括圆棒、半圆棒、角棒、各类墙纸、圆管、屋面瓦片等材料。

2. 成品型材可用于制作建筑模型中的环境部分，也可用于建筑模型部分内部区域的制作。这类型材主要包括家具模型、厨具模型、卫生洁具模型、围栏模型、标志模型、汽车模型、路灯模型、人物模型等材料。

所有材料的比例和尺度都应当统一，且能与建筑模型整体相协调，材料质感、色彩等也要与建筑模型搭配。

2.7.3 装饰材料

下面介绍几种建筑模型制作时会用到的装饰材料，具体可参考表2-6。

表 2-6 装饰材料一览表

名称	图示	特点与用途
汽车用贴膜		具有比较好的透光效果，且能部分反光，因此多和透明玻璃配合来模拟出玻璃的效果。这种贴膜具有多种色彩，加工简单，使用比较灵活
即时贴		色彩绚丽，价格较低，裁剪方便。虽然这种即时贴单、双面都有黏结剂，但粘接耐久度不够强。常用的即时贴宽度多为450mm、800mm 和 1200mm。即时贴的长度不限，可用于制作建筑模型中的道路、道路分界线、水面、绿化和建筑构造的细节等部分，也可用于模拟磨砂玻璃
窗贴		具有丰富的色彩，无论是品种，还是规格都十分丰富，价格低廉，裁剪十分方便。磨砂程度和磨砂花纹不同，窗贴的品种也有不同，制作建筑模型的窗户时，可根据需要选择窗贴
专用模型墙、地贴		用于建筑模型中的室内装饰部分。这类材料品种、规格和表面纹理等都十分丰富，且裁剪也比较方便

2.7.4 染料、涂料、腻子

在建筑模型制作中，还会用到各类染料、涂料和腻子。

2.7.4.1 染料

染料能够使纤维具有一定的色泽，且能提高纤维的牢度（也称染色坚牢度）。优质的染料在加工后也不会出现褪色的现象。染料根据其性质和加工方法的不同，可细分为直接染料、还原染料、活性染料及氧化染料等。在制作建筑模型时，多使用直接染料为草地、花卉等绿化植物染色。这种染料操作简单，色彩丰富，且价格也比较低廉。

2.7.4.2 涂料

建筑模型中的涂料可起到保护和修饰建筑模型的作用。涂料的品种繁多，色彩丰富，使用方法也较多；使用时，可根据涂抹面积的不同，选择不同的涂刷方式。

2.7.4.3 腻子

腻子多用于修补建筑模型外表面，主要分为自调腻子和成品腻子。其中，自调腻子又可分为水性腻子和油性腻子。通常水性腻子干燥速度较快，但修补强度较低；油性腻子干燥速度较慢，但油性腻子具有比较强的附着力，且在干燥后具有比较强的修补能力。

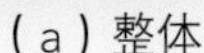
（a）整体

（b）建筑外部结构

（c）建筑内部结构

⬆ 涂料涂刷后的建筑模型（周晓新等）

上：在板材表面涂刷彩色乳胶漆，可用于具有复古效果的展示模型。涂刷实施时，可以采用刷涂和喷涂交替进行：先刷涂，覆盖大面积，再喷涂、填补细微边角；最后，采用砂纸打磨后，再刷涂一遍，通过涂料将基层材料中的细微凹坑填补平整。

本章小结

选择合适的材料是成功制作优质建筑模型的第一步。材料不仅影响建筑模型的稳定性，同时对整体模型所要营造的视觉效果也会产生一定的影响：材料不同，其特性也会有所不同；其在建筑模型中所起到的作用，所充当的角色也会有所不同。设计师应从宏观和微观上深入了解模型材料，并将其特性熟记于心，灵活运用，这样才能设计并创造出更具创意、更富色彩和艺术美感的建筑模型。

第 3 章

建筑模型制作工具

识读难度 ★★★☆☆

重点概念 测量工具、裁切工具、喷涂工具、造型工具、机械设备、辅助制作工具

章节导读 建筑模型结构繁杂，其制作工具也必须符合要求，设计师应学会熟练运用制作工具。本章主要介绍建筑模型制作必备的测量工具、裁切工具、喷涂工具、造型工具、机械设备和相应的辅助制作工具等，并系统、细致地讲解建筑模型制作工具的使用方法。

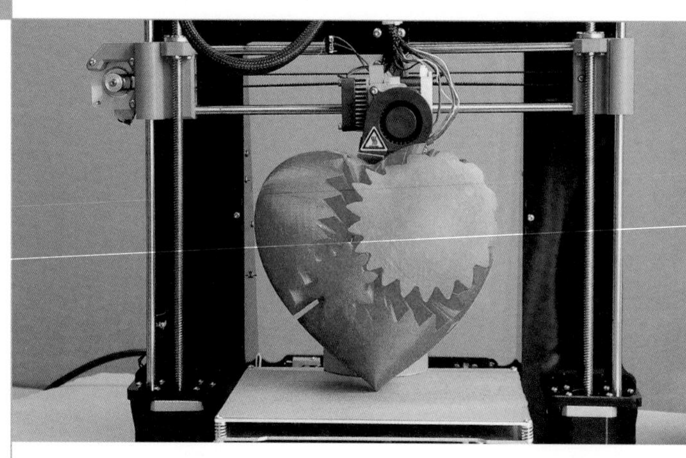

⬆ 3D 打印机

⬅ 目前 3D 打印机价格越来越便宜，普通产品价格甚至低至 3000 多元，具有较高的性价比，已成为现代建筑模型制作的主要工具。

3.1 基础测量工具

测量工具主要是为建筑模型提供基础尺寸测量，它能为后续裁切工作提供数据支撑作用。

3.1.1 不同用途的测量工具

建筑模型制作常用的测量工具包括直尺、角度尺、高度尺、游标卡尺、比例尺、卷尺、蛇尺、内外卡钳、电子测距仪等工具。

（1）直尺。直尺在建筑模型制作中主要用于绘制平直的基础参考线，常见的直尺有不锈钢直尺和有机玻璃直尺。

（2）角度尺。角度尺根据角度的不同，可分为 90° 角尺和万能角度尺两种。其中，90° 角尺又被称为直角尺，在建筑模型制作中主要用于检查建筑模型是否垂直，或在建筑模型材料表面进行基础的加工划线工作。万能角度尺具有多种角度，使用比较方便，能多角度进行划线工作。

（3）高度尺。高度尺全名为高度游标尺，它既可用于测量工件的高度，同时也可测量工件的形状和工件的位置公差尺寸。在建筑模型制作中，高度尺多用于划线。

（4）游标卡尺。游标卡尺可用于测量物体的长度、内径、外径、深度等，它由主尺和游标组成，主尺单位为 mm；游标则有 10 分度（9mm）、20 分度（19mm）、50 分度（49mm）等不同规格。

（5）比例尺。常用比例尺为三棱比例尺，比例尺既可用于划线，也可用于检测建筑模型比例是否合理。

（6）卷尺。常见卷尺多为钢卷尺，它可以自由伸缩，规格有 5m、10m、15m、20m 等，可用于测量面积或长度较大的材料。

（7）蛇尺。蛇尺又被称为自由曲线尺和蛇形尺，它可以绘制弧线、曲线等非圆自由曲线。在建筑模型制作中，可用于绘制建筑物、水池、道路等不规则曲线形态的参考线。

（8）内外卡钳。内外卡钳多为不锈钢材质，主要可用于测量建筑模型圆弧结构的直径。

（9）电子测距仪。电子测距仪多用于测量实地距离，所测量的尺寸可作为后期图纸缩样的参考数据，其成本较高。

3.1.2 测量工具特点对比

测量工具的特点，具体可参考表 3-1。

表 3-1　测量工具对比一览表

名称	图示	特点
直尺		使用频率较高，直尺多是在美工刀、手术刀等小型裁切工具切断材料时起到类似“导规”作用；为了避免损坏，多会使用不锈钢直尺，它具有耐磨、耐腐蚀以及耐划等优良性能，且价格适中，携带方便
角度尺		在美工刀、手术刀等小型裁切工具切断材料时起到类似“导规”作用，多使用不锈钢材质，使用时要保证角度尺和模型材料处于同一垂直面，两者需贴合紧密
高度尺		用于测量建筑模型各零部件的高度，将测量后的尺寸与设计尺寸相对比，以此来检验模型制作的准确性；高度尺也可用于模型材料纵向轴上，绘制参考线
游标卡尺		游标卡尺可用于测量材料内外径、厚度尺寸，用于检测所选管件尺寸是否能够与建筑模型设计尺寸相符合
比例尺		用来换算图纸的比例，能够使建筑模型各部件之间的比例关系更严谨合理，增强建筑模型的现实可行性
卷尺		使用方便，易携带；它具有两种测量数字：一侧单位为英寸；另一侧单位为厘米，使用时要将卷尺与材料表面贴紧
蛇尺		由软橡胶材料混合柔性金属芯条制作而成，具有较高的可曲度，有双面尺身；可以根据需要弯曲成各种弧线造型，适合绘制山川、河流及四通八达的交通路段等参考线，但测量时会存在一定的误差

续表

名称	图示	特点
内外卡钳		用于测量建筑模型各构件的凹槽尺寸，使用时要与其他建筑构架贴合紧密；可轻敲卡钳外侧，调整卡钳开口大小；但不可敲击卡钳的尖端处，这会影响最终测量结果的准确性
电子测距仪		用于实地测量建筑的内外空间和大型材料尺寸，体积较小，使用方便；所得测量数据精准，误差值小

小贴士

曲线板

曲线板又称云形尺，是一种内外边缘均为曲线的薄板，多由胶木、木料或塑料制作而成，主要用于绘制曲率半径尺寸不同的非圆自由曲线。

↑ 曲线板

左：曲线板可用于绘制和测量不同形状的曲线图案。它具有一定的固定性和可塑性，需注意曲线板没有标示刻度，因而不可用于曲线长度的测量。

3.2 材料裁切工具

在建筑模型的制作过程中，可使用裁切工具切割出符合设计图纸的模型分部工件，切割时要确保模型材料边角均匀。

3.2.1 切削工具和锯切工具

建筑模型制作常用的裁切工具主要可分为切削工具和锯切工具，使用时要注意手部安全。

3.2.1.1 切削工具

切削工具具体可细分为勾刀、手术刀、美工刀、剪刀、刀片等。

（1）勾刀。勾刀的刀片可自由更换，刀头带勾，用于勾割 1～3mm 厚的塑料板材时，需配合钢尺作为辅助；勾割厚度在 3mm 以上的塑料板材时，需要对塑料板材进行双面勾割。

（2）手术刀。用于裁切建筑模型材料的手术刀主要可分为圆刀、尖刀、斜口刀，手术刀的刀锋比较尖锐。为了避免手部划伤，在使用时严禁用手部直接触摸刀口，切割材料时应当沿刀口方向呈 45° 角切割。

（3）美工刀。美工刀又称为墙纸刀，是比较常用的裁切工具，它的刀片可自由收缩，使用比较方便，价格比较便宜，可配合直尺裁切建筑模型材料。

（a）美工刀切割板材

（b）美工刀切割棒材

⬆ 美工刀切割建筑模型材料

a：对于大多数密度较大的硬质板材，采用美工刀切割出凹痕后，可用手掰开，使其断裂。
b：大号美工刀可用于裁切软质木杆或木棒，裁切时应在专用垫板上操作，避免划伤桌面。

（4）剪刀。多为合金钢材质，主要由活动刀锋和静止刀锋构成，剪刀刀口形状不一，使用比较方便，裁剪材料时也比较省力。在使用剪刀裁剪建筑模型材料时，要事先在材料表面绘制好裁剪参考线，注意预留出合适的裁剪损耗空间。

（5）刀片。有单面和双面之分，主要制作材料为钢，刀片分类较多，如齿形刀片、分切刀片、切管刀片、纸箱刀片及异形刀片等。

3.2.1.2 锯切工具

建筑模型制作常用的锯切工具主要包括电动手锯、手锯、电热丝锯、线锯床等。

（a）板材锯切

（b）锯切完毕的管材

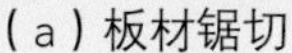
建筑模型材料锯切

a：大型车床加工效率特别高，但是一次开机需要进行大量材料锯切，否则并不经济；可以对 12 件以上的相同件进行锯切。

b：锯切完毕后的材料截断面是否光洁，主要取决于机械设备的转速是否快，刀片、锯片等耗材是否锋利。

（1）电动手锯。可用于锯切绘制比较细致的曲线轮廓，但在使用时要控制好锯切速度，要做好手部防护。通常电动手锯的锯片会比线锯床的锯片粗，使用电动手锯锯切建筑模型材料时，要保证锯片能够与材料保持垂直方向上的一致性，锯齿应当朝下。

（2）手锯。手锯可细分为板锯、钢锯、木锯、线锯等。板锯可用于锯切板状材料；钢锯可用于锯切金属类材料；木锯可用于锯切木质材料；线锯则多用于锯切曲线轮廓。使用手锯时，要控制好锯片的方向，锯片要能与材料表面保持垂直，收口处和弯曲处锯切时要适当减速。

（3）电热丝锯。主要是通过电热丝通电发热来进行建筑模型材料的锯切工作，锯切材料时要根据材料类型的不同，选择适合的锯切温度。

（4）线锯床。具有不同规格的锯片，使用时应当先根据材料的不同选择好合适的锯片，并将锯片正确安装在线锯床中。应注意所安装锯片的锯齿要朝下，然后固定住材料，检查无误后即可开启机器。在使用线锯床加工建筑模型材料的过程中，要仔细观察锯片上下摆动的位置，确保其能正常工作。

3.2.2 切削工具和锯切工具对比

不同切削工具和锯切工具的特点，具体可参考表 3-2。

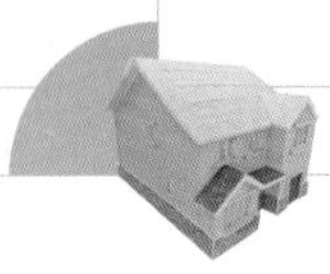

表 3-2　裁切工具对比一览表

名称		图示	特点
切割工具	勾刀		勾刀使用寿命较长，多是作直线勾割，用于勾、割各种规格的塑料板材、有机玻璃等材料
	手术刀		用于切割质地较薄的纸质材料，也可用于建筑模型中门窗材料的切、划；需注意门窗的切、划，可使用斜口手术刀；弧线切、划则可使用圆口手术刀
	美工刀		美工刀可用于切割各种泡沫板、纸板、即时贴等质地较厚的材料，使用时不可将刀片推出过长；这样会导致刀片折断，应当以低角度进行材料切割
	剪刀		用于裁剪布质材料、纸质材料、钢板、绳子、圆钢等质地较薄或厚度适中的片状或线状材料
	刀片		体积较小，使用方便，用于刮除材料边角毛刺；使用时，注意做好手部防护工作
锯切工具	电动手锯		用于锯切质地较薄的金属片和胶片，锯切时要控制好速度。为了避免锯切时出现板材断裂或锯切不平的现象，可以借助垫板、台虎钳等工具将材料固定住
	手锯		用于锯切线材和人造板材，可转换锯片角度，使用时应当控制好锯切速度，以免手部被划伤；可借助垫板、台虎钳等工具，将材料固定住，注意戴好防护手套
	电热丝锯		用于锯切聚苯乙烯泡沫材料，锯切温度可自行调节，锯切效率较高
	线锯床		用于锯切软木材料、薄板材料、金属片、有机玻璃等材料，多用于锯切材料的曲线部位和弯折部位；由于其转速较快，在转弯锯切时一定要控制好锯切速度和锯切力度

3.3 零部件造型工具

建筑模型的造型千奇百怪，借助造型工具可以更快捷地获取建筑模型所需的零部件。

3.3.1 造型工具

建筑模型制作常用的造型工具主要包括台虎钳、锤子、热风机、手虎钳、C 形夹等几种。

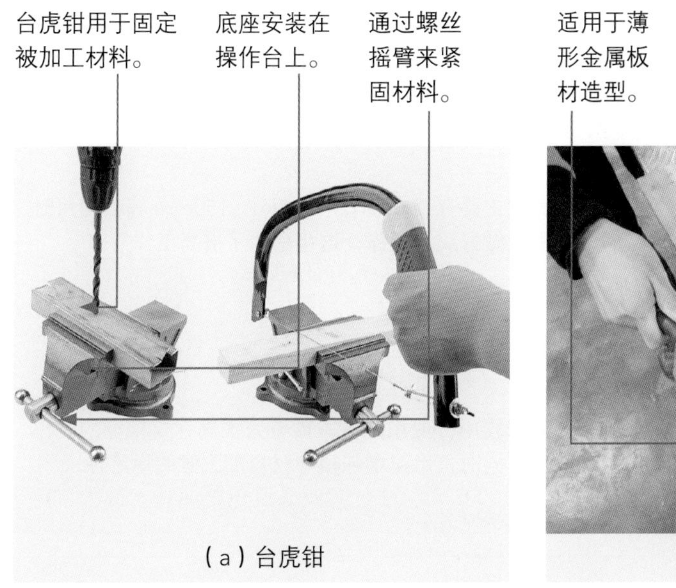

台虎钳用于固定被加工材料。
底座安装在操作台上。
通过螺丝摇臂来紧固材料。

（a）台虎钳

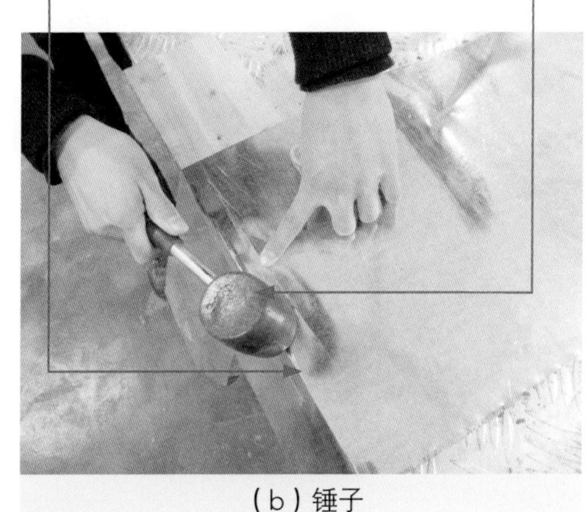

适用于薄形金属板材造型。
造型时大多为硬质橡胶锤，敲击后具有轻微回弹，避免一次敲击后产生生硬的痕迹。

（b）锤子

造型工具运用

（1）热风机。热风机主要是由加热器、鼓风机和加热电路组成，它可以自由调控工作温度和风量。在建筑模型制作过程中，热风机多用于曲折材料。

（2）手虎钳。手虎钳又被称为手拿钳，常用手虎钳的钳口长度主要有 25mm、40mm、50mm 等，使用方便，可用于金属线材的曲折。使用手虎钳曲折金属线材时，应控制好曲折的力度，以免出现变形。

（3）C 形夹。C 形夹形似字母 C，在建筑模型制作中主要起到固定材料，辅助其加工的作用。

3.3.2 造型工具特点对比

不同造型工具的特点，具体可参考表 3-3。

表 3-3　造型工具对比一览表

名称	图示	特点
热风机		用于曲折塑料板材和塑料棒材，使用时要远离易燃、易爆等比较危险的产品；由于热风机送出的空气温度较高，使用时要戴防烫伤手套
手虎钳		用于夹持体积较小的材料，适合手持加工造型，主要由定夹壁、动夹臂和螺栓调节压紧结构组合而成
台虎钳		宽度主要有 100mm、125mm、150mm 等，使用时要提前做好润滑工作，这也是为了提高工作效率
C 形夹	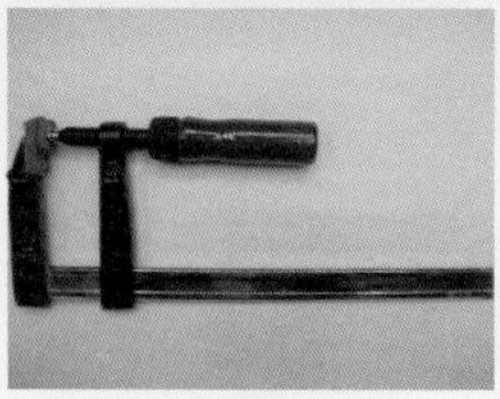	体积较小，使用方便，能有效提高建筑模型的制作效率；同时，也能增强模型材料加工时的稳定性
锤子		通过敲击材料以使材料变形，使用方便，价格便宜

3.4 色彩喷涂工具

色彩是表现建筑模型特色的重要元素之一，使用喷涂上色能够轻松进行大面积上色，且能很好表现出建筑模型的阴影特色，本节主要介绍在制作建筑模型过程中用到的部分喷涂工具。

3.4.1 喷涂要求和注意事项

喷漆的目的在于丰富建筑模型的表面色彩，并保护建筑模型的外部结构。在进行喷涂基础工作时，要选择合适的喷涂工具，并能达到一定的喷涂要求。

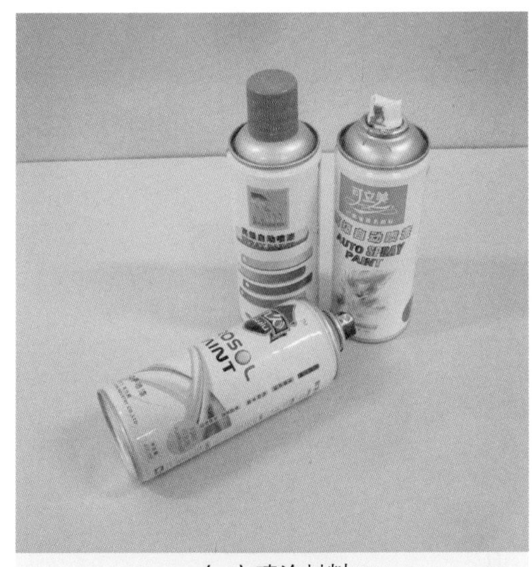

（a）喷涂材料

（b）部分建筑模型结构喷涂

建筑模型喷涂

a：自动喷漆使用效率高，价格虽然不便宜，但是能提高工作效率。
b：喷漆距离保持 200～300mm，在喷漆过程中均匀移动位置，同一部位喷涂应达到 3 遍以上；每遍喷涂需要待完全干燥后，才能进行下一遍喷涂。

3.4.1.1 喷涂要求

（1）喷涂后漆膜的光泽应当保持均匀一致，且漆膜干固后应当具备光滑的触感；漆膜表面也应当没有塌陷、裂缝、暗坑和凸起的小颗粒。

（2）建筑模型的边角区域喷涂后应当没有重色现象，模型表面不会出现花色现象；色彩的亮度、纯度等也都比较均衡，漆膜质地也比较薄，整体模型的视觉感较好。

3.4.1.2 注意事项

（1）喷涂时应当给予建筑模型一定的湿润度，要避免模型表面过于干燥；对于比较容易燃烧的材料，还需做好相应的防火处理。

（2）喷涂时要注意整理好喷涂顺序，要去除建筑模型表面的污垢后，再进行喷涂；同一面喷涂不同色彩时，可借助胶带将喷涂区域区分开来。

3.4.2 喷涂工具

建筑模型制作常用的喷涂工具主要有毛笔、喷笔、喷枪、气泵等。

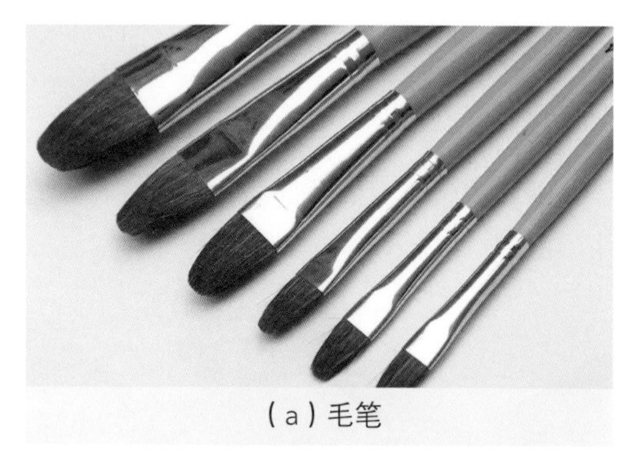
（a）毛笔

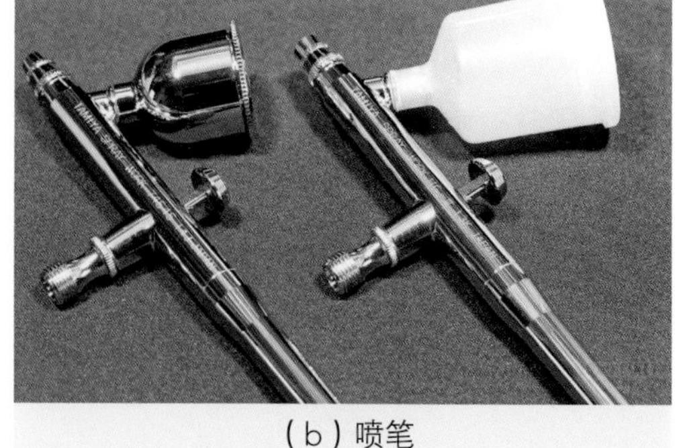
（b）喷笔

（c）喷枪

（d）气泵

喷涂工具

a：毛笔主要用于修饰喷涂界面的边缘或转角，避免出现喷涂料淤积或流挂等现象。
b：上置色料容器的喷笔适用于形体较小的模型构件喷涂，能够随时更换色彩。
c：下置色料容器的喷枪适用于形体较大的模型构件喷涂，持续喷涂时间长。
d：气泵能为喷笔、喷枪提供源源不断的喷涂气体动力。

3.4.2.1 毛笔

用于建筑模型涂装的毛笔可细分为圆尖头毛笔和平头毛笔，可根据建筑模型体积的不同选择不同规格的毛笔。使用毛笔时，要仔细查看笔头和刷毛，确保刷毛平齐，不会出现劈线的情况。

3.4.2.2 喷笔

喷笔多配合气泵使用。利用喷笔使建筑模型表面涂装更具有个性，同时喷笔也能确保喷涂的均匀性，非常有利于展示建筑模型的细节。

3.4.2.3 喷枪

根据涂料供应方式不同，喷枪可分为重力式喷枪、吸料式喷枪、压力式喷枪。

（1）重力式喷枪。枪壶在喷枪的上方，涂料是由地心引力以及喷嘴处的吸力供应至枪嘴，使用灵活，喷涂效果比较好。但是，枪壶容量过小，不适合大面积喷涂工作。

（2）吸料式喷枪。枪壶在喷枪的下方，涂料是由喷嘴处的吸力供应至枪嘴。这类喷枪与重力式喷枪相反，枪壶容量较大，能够用于大面积的喷涂工作，但其喷涂效果一般。

（3）压力式喷枪。枪壶和喷枪各自单独存在，涂料是在枪壶内被加压，而后供应至喷嘴，喷涂范围较大，喷涂效果也较好；但喷枪清洗比较困难。

3.4.2.4 气泵

气泵主要配合喷笔使用，它也被称为空气压缩机。在进行建筑模型喷涂工作时，要保证喷笔的出气量；使用气泵时，要控制好出气压力和时间，不可长时间工作；否则，可能会造成喷笔出水，气泵烧毁的情况。

3.5 机械设备分类与对比

机械设备具有较高的工作效率，所包含的种类较多，在建筑模型制作中多用于处理规格较大的材料和部分需要特殊造型的材料。

（a）角度台锯

（b）机械雕刻机

机械设备与应用

a：角度台锯在建筑模型制作中，主要用于粗壮的金属、木质材料锯切，又称为杆状材料开料机；可通过更换不同锯片来适应不同的型材。

b：机械雕刻机主要用于雕刻 2～3mm 厚的 ABS 板、PVC 板、有机玻璃板等硬质材料，能加工出复杂、精细的建筑模型墙板，用于后期粘接、组装。

3.5.1 常用机械设备

建筑模型制作常用的机械设备主要包括激光切割机、铣床、圆锯、雕刻机、喷绘机、3D 打印机等。

3.5.1.1 激光切割机

激光切割机主要用于剪切材料，它的运转由机体自带软件进行控制。在正式使用激光切割机之前，必须确保建筑模型设计图纸上各构件能够与激光切割机的激光束保持强度和速度的统一。此外，激光切割机还能有效缩减建筑模型零部件的制作时间，能够制作出边角圆滑的模型零部件；但激光切割机的维修和保养费用较高。

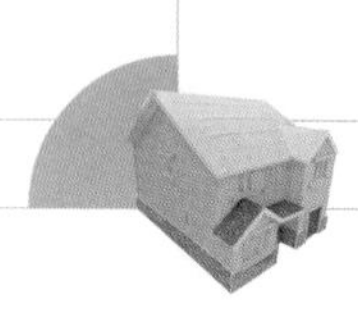

3.5.1.2 铣床

铣床主要是通过自带软件获取图形，并以此为参考铣削出建筑模型所需的零部件。在使用铣床之前，要仔细检查机身，确保其能正常运行。在铣削过程中，要及时清除铣削材料后产生的碎屑，保持导螺杆和外围装置的洁净，避免碎屑卡入铣床中，导致铣床出现卡顿或损坏现象。

3.5.1.3 圆锯

圆锯固定于工作桌上，锯片与工作桌之间的角度可自行调节。为了更好地切割建筑模型的材料，多采用厚度为 1.6mm 或 2mm 左右的硬金属锯片。这种锯片能很好地切割薄木板、实木、有机玻璃等材料。

3.5.1.4 雕刻机

雕刻机可用于加工建筑模型材料，工作效率较高，主要是通过分析设计数据，从而获取建筑模型所需的图像，并利用钻铣的组合方式将其雕刻出来。常用的计算机雕刻机分为激光雕刻机和机械雕刻机，根据功率大小各有不同用途。通常制作中小型建筑模型使用小功率雕刻机即可，大功率雕刻机主要用于制作大型建筑模型中的浮雕造型。

3.5.1.5 喷绘机

喷绘机属于打印机系列设备，主要使用腐蚀性比较强的溶剂型墨水进行喷绘，因此打印出来的图像固色性比较强。为了提高喷绘机的耐用性，在日常使用过程中一定要定期保养和维护好喷绘机的喷头，且更换墨水时也要小心谨慎，以免被灼伤。

3.5.1.6 3D 打印机

3D 打印机与普通打印机工作原理基本相同，只是打印材料为金属、陶瓷、塑料、砂等实实在在的原料。当 3D 打印机与计算机连接后，通过计算机控制可以将“打印材料”逐层叠加起来，最终将计算机图形变为实物。

⬆ 雕刻机应用

⬆ 3D 打印机制作的模型

左：机械雕刻机价格相对低廉，是当今建筑模型制作的首选；其能对大多数塑料、木质板材、金属板材进行加工，但是对材料的雕刻深度与精细度方面，比不上激光雕刻机。

右：3D 打印的设计过程如下：先通过计算机软件建模，再将建成的三维模型“分区”成逐层的截面，即形成切片，从而指导打印机逐层打印。相关设计软件与打印机之间交互文件的格式多为 STL 格式。STL 格式文件使用三角面来近似模拟物体表面，三角面越小，其生成的表面分辨率越高。单只桌面尺寸大小的 3D 打印机，基本可以满足建筑模型的造型需要。

3.5.2 机械设备特点对比

不同机械设备的特点，具体可参考表 3-4。

表 3-4 机械设备对比一览表

名称	图示	特点
激光切割机		工作速度较快，且切割宽度为 0.1mm 左右，要做好必要的安全和防护措施，可用于剪切厚度为 6～8mm 的纸张、色纸、纸板、软木、胶合板以及有机玻璃、毛皮等材料；但不适用于剪切金属、聚碳酸酯板（PC 板）及玻璃等质地较硬或较脆的材料
铣床		主要用于加工金属材料，但为了加工更便利，需要在加工时使用适量的润滑剂和冷却剂；也可以用于削切实木、聚苯乙烯板（PS 板）、PVC 板、胶合板、有机玻璃等材料
圆锯		由具有不同类型的锯齿，具有不同切割宽度、直径等参数的圆锯构成，加工速度可自行控制；适用于切割塑料、胶片、木材、有机玻璃、金属等材料
雕刻机		主要用于木工板、密度板、防火板、PVC 板、亚克力板以及双色板、橡胶板、大理石等材料的雕刻工作
喷绘机		所打印的图像具有防紫外线、防水、防刮伤等特点，喷绘机价格较贵
3D 打印机		使用的打印材料主要有熔融的塑料丝、液态的光敏树脂材料等，所打印的模型不仅质地细腻，结构稳定性也较好

3.6 辅助工具

辅助工具的存在是为了使建筑模型的各零部件形态更为完善，同时也是为了提高模型制作的效率，增强模型连接件之间的紧固性。

3.6.1 刨锉工具

刨锉工具可细分为錾凿工具、电刨、刨刀、锉刀。

（1）錾凿工具。具有防锈性能和抗敲击性能，耐用性很强，主要利用人力敲击金属工具刃口，从而达到錾凿材料的目的。使用该工具时，需要控制好敲击力度，并注意手部防护。

（2）电刨。主要是由手柄、开关、刀腔结构、电动机、刨削深度调节机构、插头等构成。要定期检查电刨刀具运行正常，使用时要控制好电刨的吃刀量和进刀量，要循序渐进地刨削材料。暂停电刨时应先将电源关闭，待电刨完全停止运转后，方可进行整理。

⬆ 錾凿工具应用

⬆ 电刨安装与应用

左：凿刀运用简单，多适用于木质材料、塑料，凿切角度很重要，对于较深的凹槽应当多次凿切，不能急于求成。宽度较细的锉刀不适于锉削质地较软的金属，应当使用宽锉刀慢慢锉削软质材料。为了避免手部受到伤害，同时也为了避免锉刀磨损过度，使用锉刀时应控制好锉削的速度。
右：电刨的使用效率高，但仅适合大面积加工，不适用凸凹形态加工。

（3）刨刀。可用于刨削塑料、有机玻璃和木质材料的表面、边沿切口等部位。在使用时，应当确保刀架和刀座处于正确的位置，即中间垂直位置。要控制好刨刀伸出的长度，弯头刨刀的伸出长度要大于直头刨刀，直头刨刀的伸出长度要小于刀杆厚度的 2 倍。如需更换刨刀，则应当一手固定住刨刀，另一手由上而下旋转螺钉，将刨刀自刀架上拆卸下来。

（4）锉刀。主要用于木质材料、皮质材料、有机玻璃、金属材料等表面锉削加工。这类工具的表面分布有细密的刀齿，可以很好地修平和打磨模型材料。锉刀在日常使用中，多会使用横锉法、直锉法、磨光锉法等加工方式来对模型材料的平面、圆孔、凹凸面、曲面等进行加工。

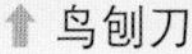
鸟刨刀

锉刀应用

左：鸟刨刀造型简洁，适用性强，能加工木料、塑料等多种材料，便携性好，是建筑模型边角加工的良好工具。
右：宽度较细的锉刀不适于锉削质地较软的金属，应当使用宽锉刀慢慢锉削软质材料。为了避免手部受到伤害，同时也为了避免锉刀磨损过度，使用锉刀时应控制好锉削速度。

3.6.2 钻孔工具

钻孔工具可分为手摇钻、手提电钻和台钻等。在建筑模型的制作过程中，可以利用钻孔工具对材料进行钻孔加工，同时钻孔工具也可以作为材料切割的辅助工具。

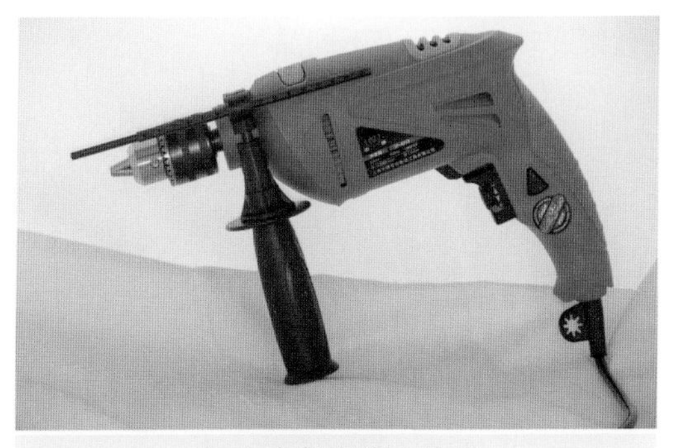

（a）电钻电锤一体机

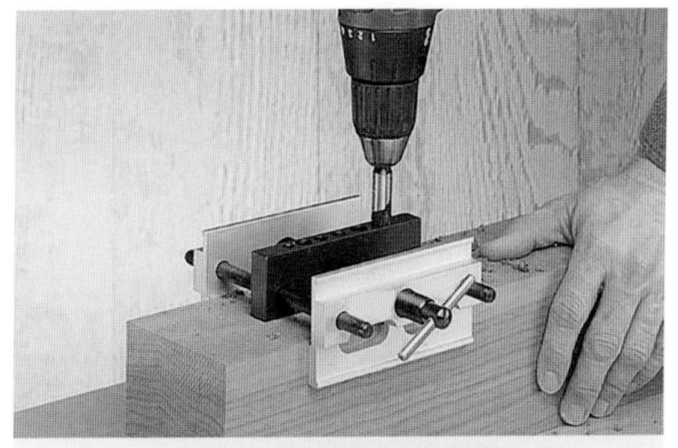

（b）电钻与固定器配合使用

钻孔工具应用

a：带电锤功能的手电钻可在混凝土、砖墙等硬质构造上钻孔，满足建筑模型的基础安装。
b：电钻与固定器配合使用时，可将电钻安装在操作台上使用，钻孔精度高，能钻孔径更大的孔，如ϕ12mm以上的孔。

3.6.3 焊接工具

建筑模型制作常用的焊接工具主要包括电烙铁和电焊机。

（1）电烙铁。主要可用于焊接建筑模型中的电子元器件等，焊接前要做好各零部件接触面的清洁工作，电烙铁表面应当没有碎屑。

（2）电焊机。用于焊接建筑模型中的金属栏杆、电杆、铁塔等零部件，机体结构比较简单，主要是通过电压变化来获取熔化焊料所需的高压电弧，从而使模型零部件可以紧密连接。

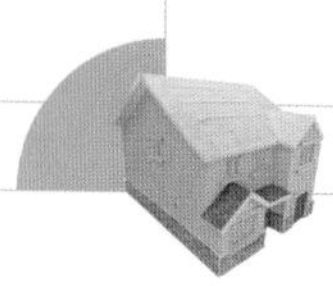

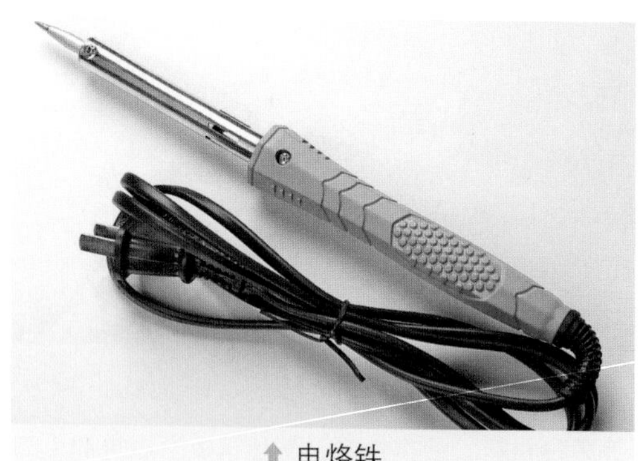

电烙铁

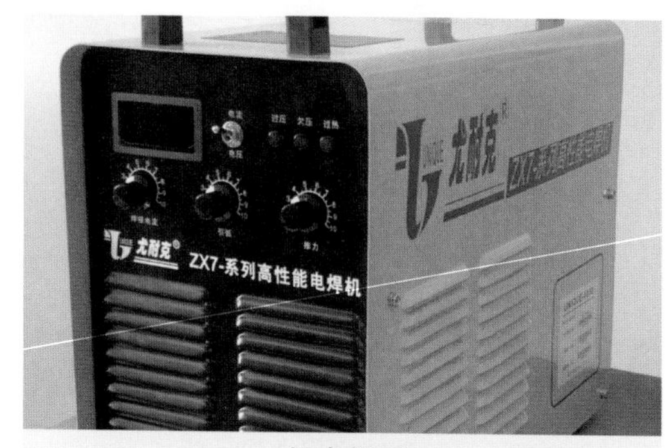

电焊机

左：电烙铁主要用于建筑模型中的电路焊接，可将电线与各种电子元器件之间焊接固定；需要配合焊锡膏使用。

右：电焊机主要用于金属构件之间的焊接，如建筑模型的基础展台构件，或金属材料制作的模型等。

3.6.4 打磨工具

建筑模型制作常用的打磨工具主要包括砂纸、电动打磨机、砂轮机等工具。

（1）砂纸。砂纸有不同规格，可根据研磨物质和用途的不同，将砂纸细分为耐水砂纸、海绵砂纸、干磨砂纸、无尘网格砂纸、金刚砂纸、玻璃砂纸等不同品种。

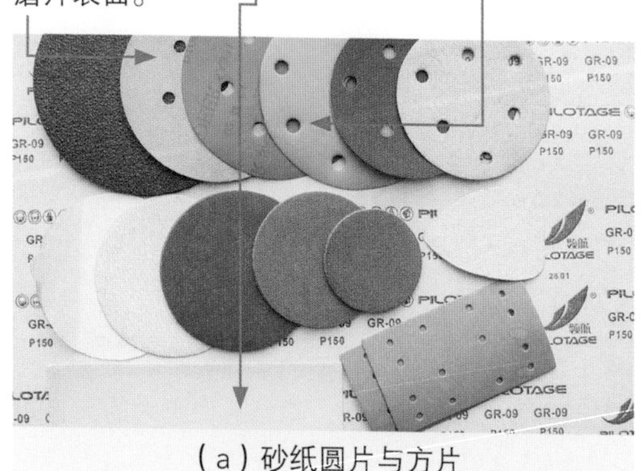

圆形砂纸背面为毛毡，能贴在打磨片表面。
矩形砂纸可以根据需要裁切。
孔洞用于高速旋转过程中透气。

（a）砂纸圆片与方片

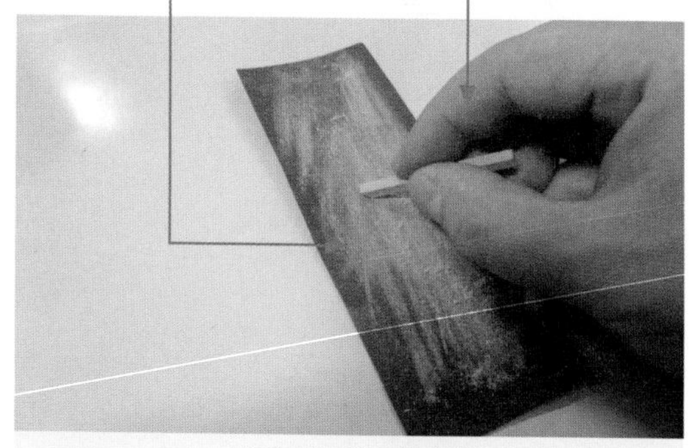

对砂纸进行裁切使用，能节省耗材，物尽其用。
手工打磨的力度很大，能提高效率。

（b）砂纸打磨木料

砂纸及其应用

（2）电动打磨机。电动打磨机又称为锉磨机，适用于建筑模型的精加工和基础材料的表面打磨工作，磨削性能比较强，能够快速打磨模型材料。

（3）砂轮机。砂轮机可用于打磨质地较硬的材料，也可用于较小零部件的磨削和表面毛刺清除工作，但不适于磨削紫铜、木头、铅等材料，以免出现砂轮堵塞。

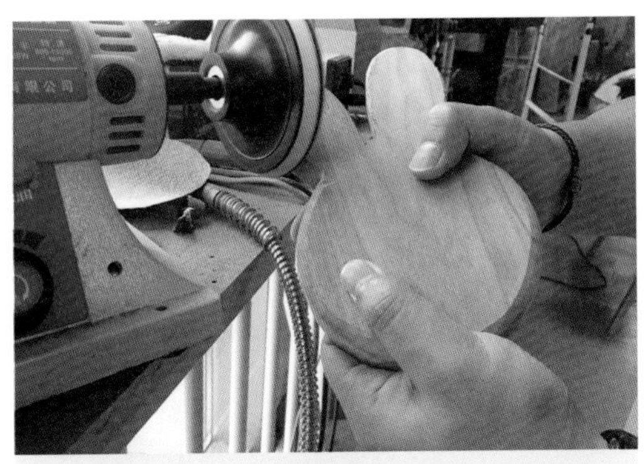

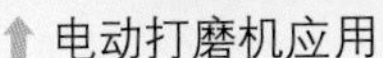

电动打磨机应用

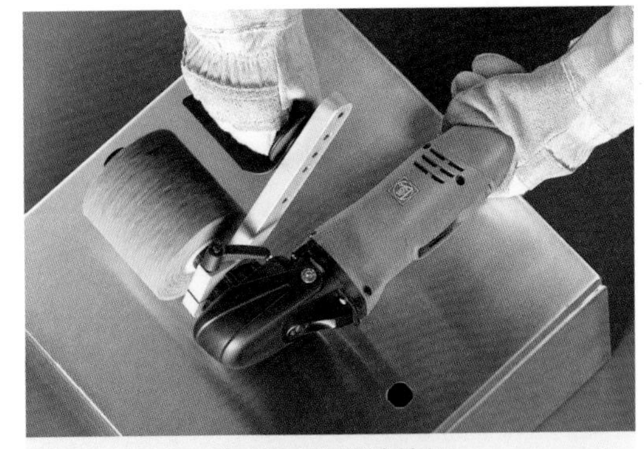

手动使用砂轮机

左：使用前要仔细检查机体，在使用过程中要逐渐加速，不可用力过猛；速度过快可能会导致打磨片碎裂，一旦机体出现卡顿现象，应当立即关闭电源，检查打磨片是否破损；如有破损，应当立即更换，并清除碎屑。

右：使用前要确定砂轮机旋转方向，控制好磨削力度，戴好防护眼镜；若砂轮机出现卡顿或跳动明显现象，应当立即关闭电源，进行整修。

小贴士

海绵抛光盘

海绵抛光盘应根据盘面色彩以区分功能，主要分为重粗盘、中粗盘、抛光盘。重粗盘多为深红色，质地比较硬，可用于消除材料表面的氧化膜和划痕；中粗盘多为黑色，盘质地较柔软，比较适用于透明漆膜的抛光和普通漆膜的还原；抛光盘多为黄色或白色，质地不仅柔软且细腻，可用于消除材料表面的划痕，同时也可用于材料表面的抛光工作。海绵抛光盘可粘贴在电动打磨机或砂轮机上，也可以安装在手电钻上，使用方便。

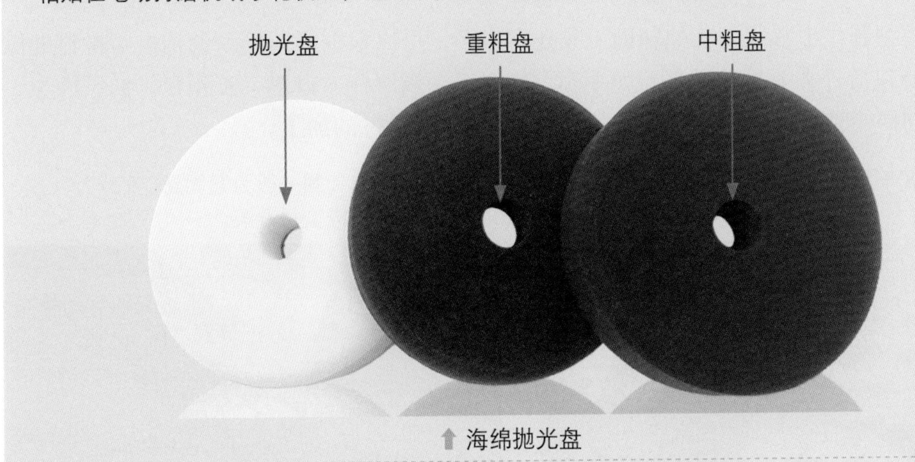

海绵抛光盘

3.6.5 接合工具

建筑模型制作常用的接合工具主要包括旋具、钢丝钳、扳手、螺钉等几种。

（1）旋具。用于紧固或拆卸建筑模型零部件的螺钉或螺栓，使用比较方便，规格和样式也比较多。

（2）钢丝钳。又称为老虎钳，既可用于夹断细钢丝，还可用于紧固或者拆卸建筑模型上的螺钉或螺栓，钳口样式比较多。

（3）扳手。主要用于安装或者拆卸建筑模型上的螺钉或螺栓。其操作简单，价格也比较低，但相应的操作强度较大。

（4）螺钉。螺钉又称为螺丝，可用于建筑模型底盘与电气材料中的金属配件之间的紧固工作。螺钉旋紧时要使用合适的力度，旋紧后不可用手直接触摸，以免螺钉利口划伤手部。

旋具的品质在于金属头端材质，应当采用碳钢或铬钒钢制造。

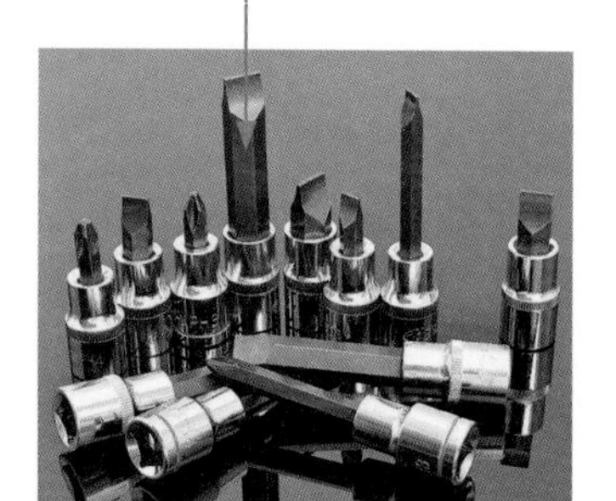

（a）不同规格的旋具

钢丝钳的活动衔接处应当灵活且无松动。

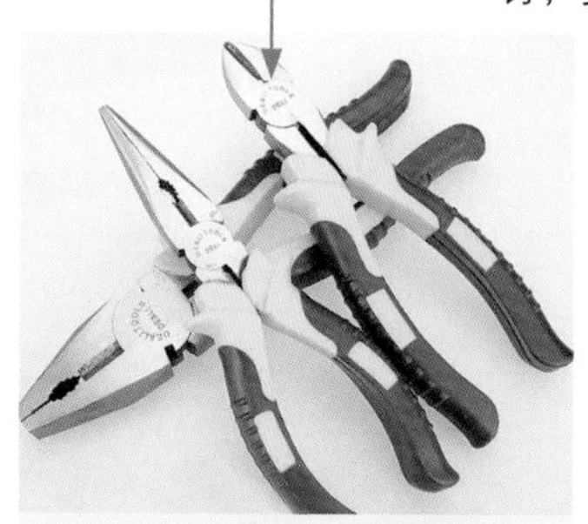

（b）不同钳口的钢丝钳

根据模型构造选用不同造型螺钉；如果对安装遮挡无美观要求，多采用圆头螺钉，安装更牢固。圆头　沉头　盘头

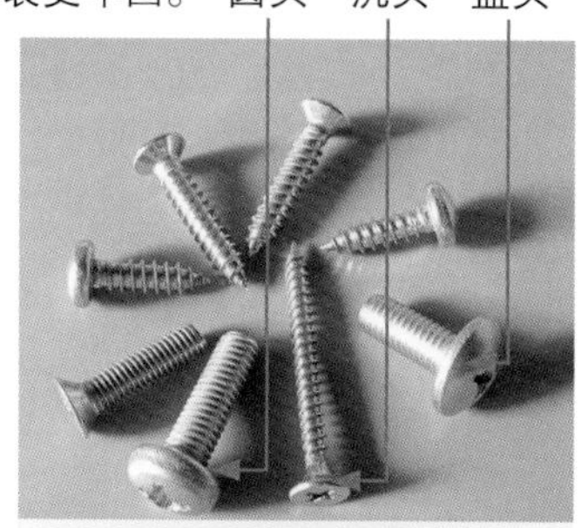

（c）不同规格的螺钉

⬆ 部分接合工具

3.6.6　其他辅助工具

建筑模型制作中常用的其他辅助工具还有很多，可以根据不同模型的构造与材料进行选用，主要包括日常工具、设备，如手套、涂料皿、调漆棒、口罩、工作台、抽风机等。这些工具同样能够更安全、更方便地进行建筑模型各零部件的加工。

带橡胶掌垫的织物手套具有绝缘、耐磨特点。

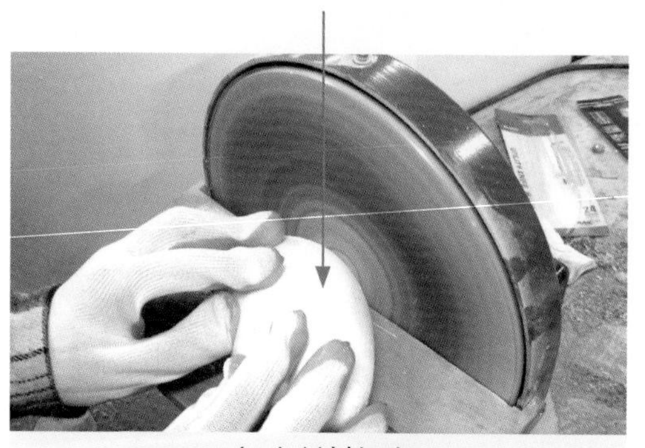

（a）材料打磨

对螺丝的加固一般为紧固到“9 分力”，避免滑丝或型材开裂。

（b）旋具应用

钢丝钳除了能剪短金属线材外，还能剥离电线绝缘层。

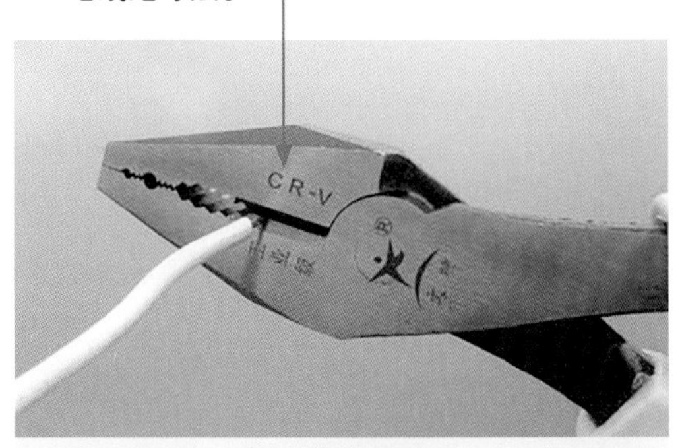

（c）钢丝钳使用

模型调漆容器（涂料皿）不宜过大，以免涂料过多导致浪费，体积多为 300～500mL 左右。

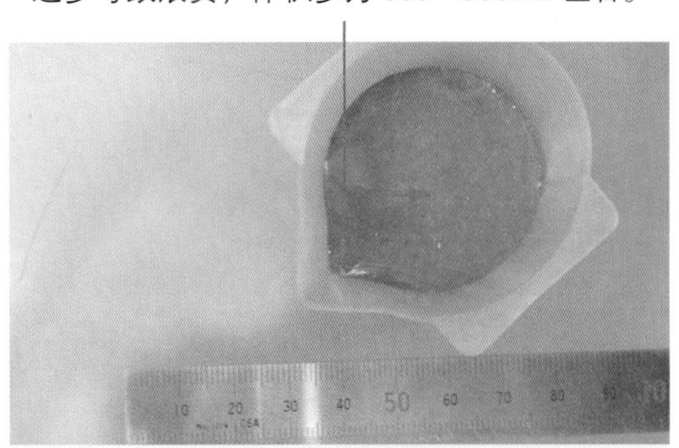

（d）涂料皿应用

辅助工具运用

小贴士

无尘网格砂纸

无尘网格砂纸的适用范围较广，表面呈纱网状，使用无尘网格砂纸进行建筑模型材料打磨，可以将研磨材料所产生的有害微粒造成的危害降至最低，且无尘网格砂纸具有多种粒度，可以满足不同材料的打磨要求。此外，无尘网格砂纸还具有比较长的使用寿命，使用过程中基本不会结块，打磨效率也较高。

背面为毛毡，可直接粘接至打磨机盘面。

正面为砂纸面，孔洞与打磨机盘面的孔洞对应。

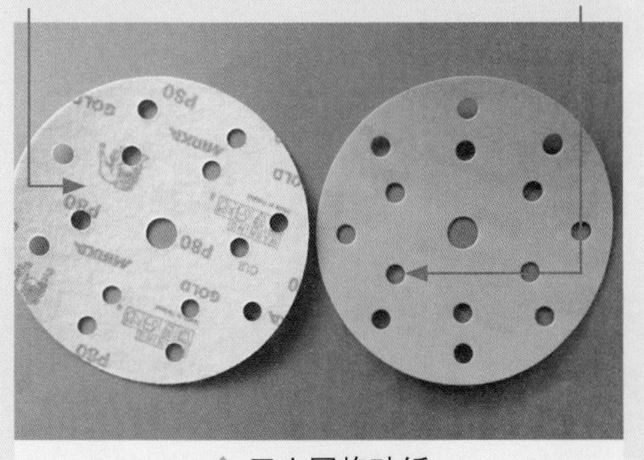

无尘网格砂纸

气动接口连接空气压缩机。

圆孔用于旋转打磨时集尘。

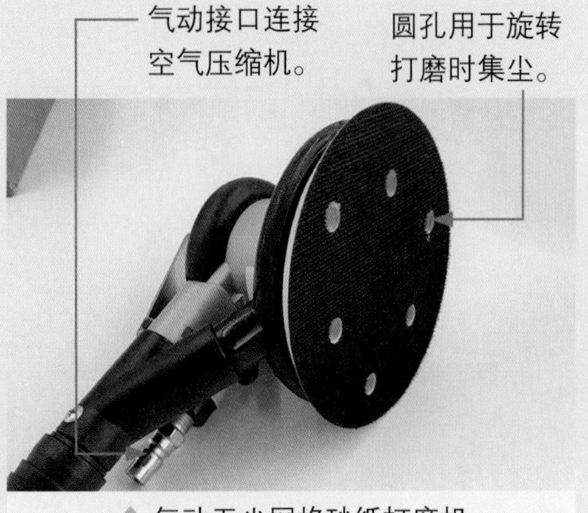

气动无尘网格砂纸打磨机

本章小结

“工欲善其事，必先利其器。”这句话同样适用于建筑模型的制作。为了创造结构完整、造型美观、色彩亮眼的建筑模型，设计师必须充分了解这些工具的特点、使用规则和注意事项，不仅有利于设计师灵活使用这些工具，同时能更好地保证人员安全，建筑模型才能更好地展现设计思想。

第4章

建筑模型基础制作实战详解

识读难度 ★★☆☆☆

重点概念 PVC 板、美工刀、裁切、粘贴、着色

章节导读 培养建筑模型制作的熟练程度应从基础入手，熟悉最基础的 PVC 板、纸板、KT 板、聚苯乙烯板等廉价材料的加工，灵活搭配各种胶黏剂。严格把控刀具、直尺的使用精度，力求高严谨、高精细，提高建筑模型基础构造的审美效果。

⬆ 手工基础建筑模型制作

⬅ PVC 板是最廉价、最基础的建筑模型制作材料，通常为 PVC 高发泡板（又称为雪弗板），便于加工裁切，主要适用于建筑模型的墙体、底板等基础构造，厚度多采用 2mm、4mm、6mm、8mm、10mm，裁切自由方便。

4.1 基础切割方法

对材料进行切割是建筑模型制作的基础制作工艺，手工制作建筑模型多采用 PVC 板、聚苯乙烯板、亚克力板等材料。材料不同，切割方法不同。下面介绍手工模型常用材料的切割方法。

4.1.1 PVC 板切割

4.1.1.1 准备工作

PVC 板质地均衡，厚度规格多样，切割时要做好准备工作。

不锈钢直尺能避免磨损，不宜采用塑料尺。

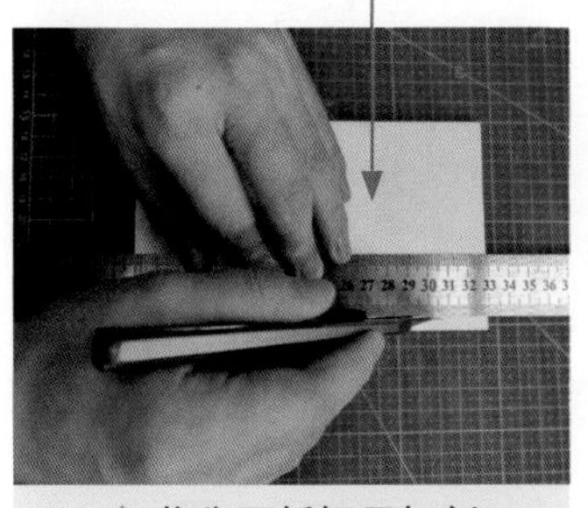

⬆ 依靠不锈钢尺切割

检查刀片尖角是否锐利。

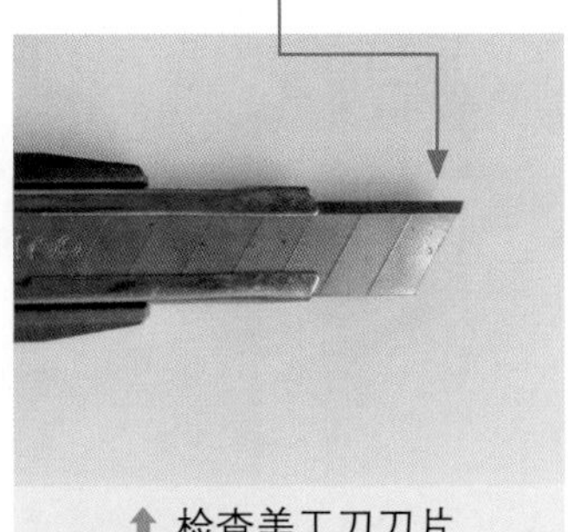

⬆ 检查美工刀刀片

用钳子夹紧刀片前端，掰断，能保持尖锐状态。

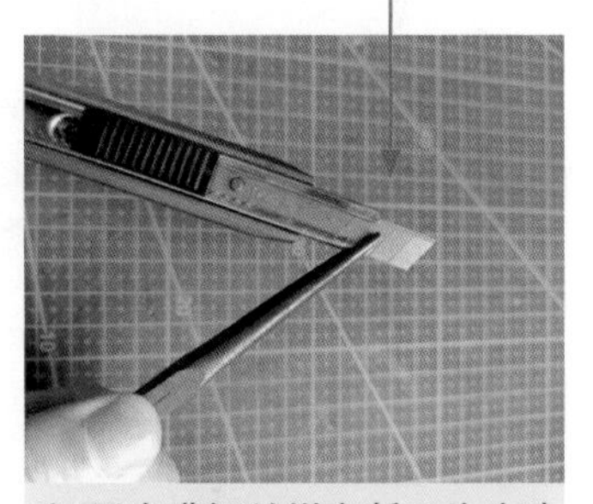

⬆ 用尖嘴钢丝钳夹断刀片头端

给直尺安装角度器能保持多角度锁定。

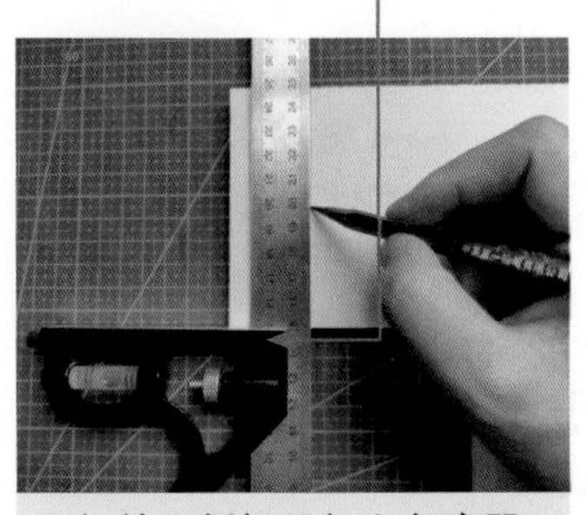

⬆ 给不锈钢尺加上角度器

贴合板材边缘之前要对板材边缘切割平整。

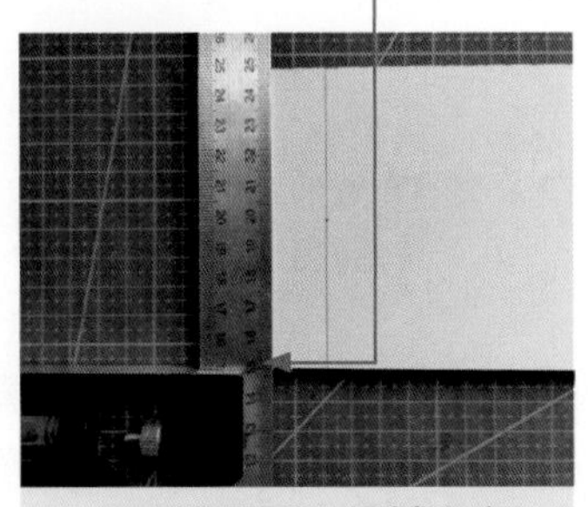

⬆ 角度器贴合板料边缘

先画线，再切割，可以在板材上、下两个方向多次校正板材边缘的平直度。

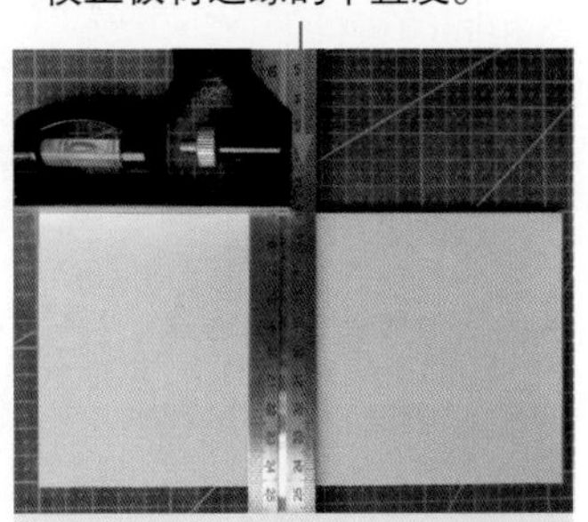

⬆ 在多个方向平移画线

4.1.1.2 精准切割板材

精准切割时要求对板材、直尺、美工刀三者灵活运用，双手能同时把控这三种物件，需要有一定的力量。

划切手法保持自然，用力按压，但不要紧张。

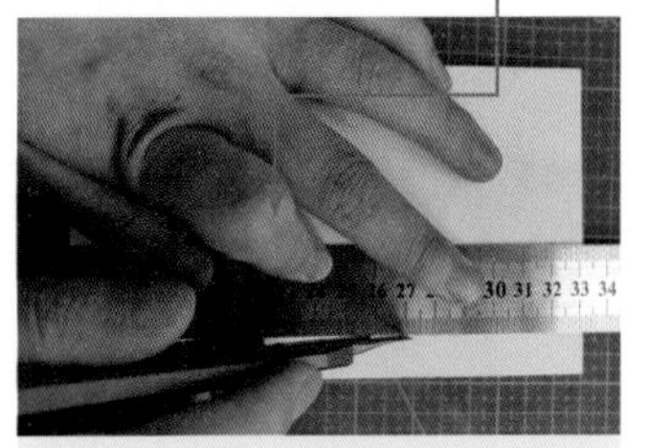

⬆ 双手用力按压板材与直尺

虎口中夹住美工刀。

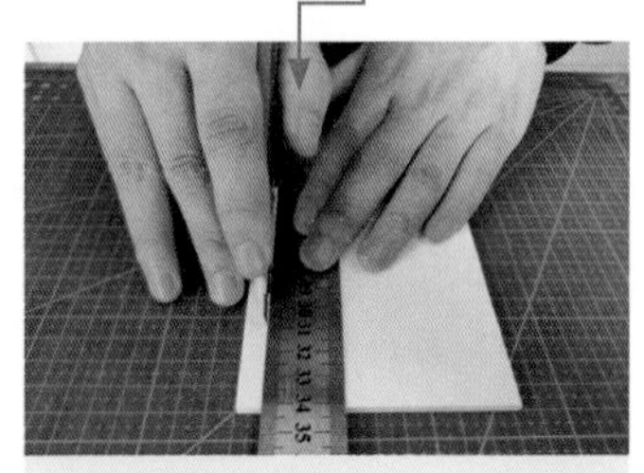

⬆ 用手的虎口握住美工刀

根据板材厚度与硬度来控制划切角度，美工刀倾斜较大则施加力度较小。

⬆ 第一遍划切力度较小

第二遍划切力度较大，能顺应第一遍划切痕迹下刀，将板材一次性切断。

⬆ 第二遍划切力度较大

采用角度器将板材首尾两端切断。

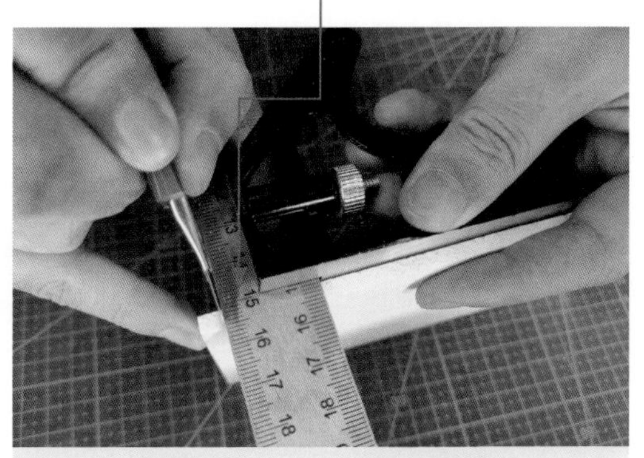

⬆ 划切完毕后在侧面切断底部

4.1.1.3 切割出多个规格相同的板件

采用尺卡固定直尺垂直角度，在板材上绘制出等距平行线，根据平行线裁切出多个规格相同的板件。

相对于角度器，尺卡的运用更灵活，适用于单一的平行线裁切，尺卡为不锈钢材质。

侧边螺丝能固定不锈钢尺。

⬆ 尺卡

将尺卡安装在不锈钢尺的 30% 长度位置上，使用时受力均衡。

⬆ 尺卡安装

将尺卡贴紧板材边缘，能平行移动直尺。

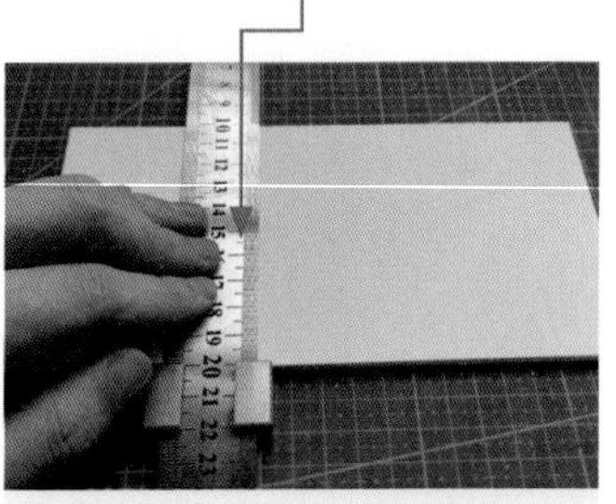

⬆ 贴紧板材边缘

经过精确测量后，将板材边缘裁切平直。

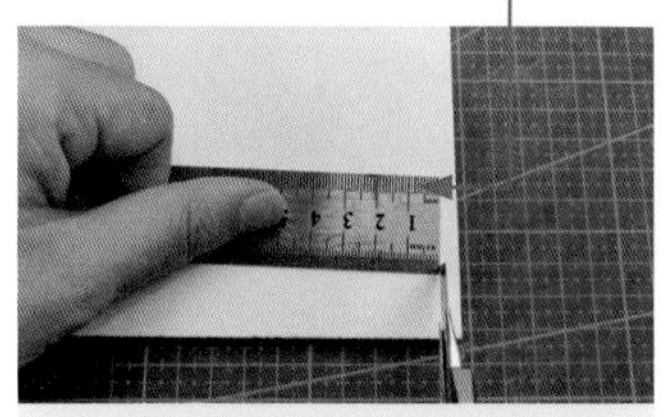

使板材边缘整齐

打印一张带有条纹的纸张，条纹间距可根据模型需要进行定制。

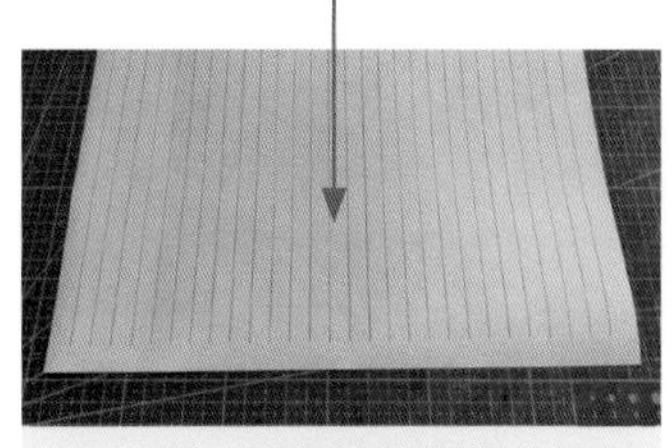

打印条纹纸张

将条纹纸覆盖在板材表面，局部粘贴固定，根据条纹裁切板材。

划切板件

4.1.1.4 切割开孔

在板材上精确开出矩形孔是建筑模型必备的加工技能，广泛适用于建筑模型中的门窗口、楼板口等部位。

根据设计要求裁切需要开孔的板料。

备好板料

先浅划出开孔痕迹，再用力划切，可在板料正反两面轮番划切。

划线裁切

严格控制边缘不要超出形态轮廓，可以根据需要修饰内角边缘。

裁切完毕

4.1.2 KT板切割

4.1.2.1 制作凹槽造型

KT板内芯为聚苯乙烯板，正反表面为塑料薄膜。通过制作凹槽造型，可为建筑模型墙体对接提供良好的造型基础。

根据墙体构造厚度来找准宽度。依靠直尺划切KT板表面，不要将板料完全切断。

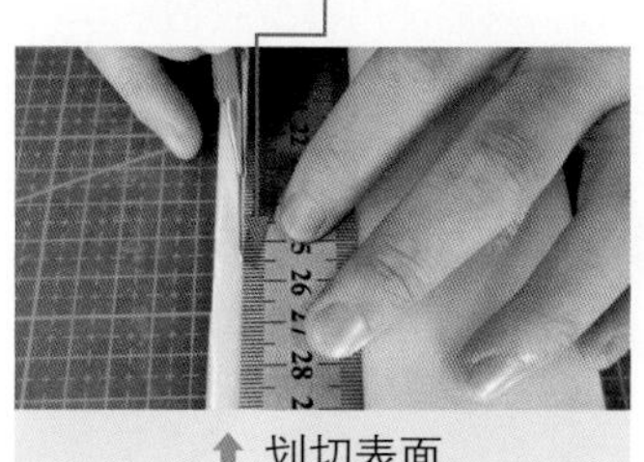

划切表面

徒手持美工刀对板材侧面划切，贴着KT板表皮小心划切。

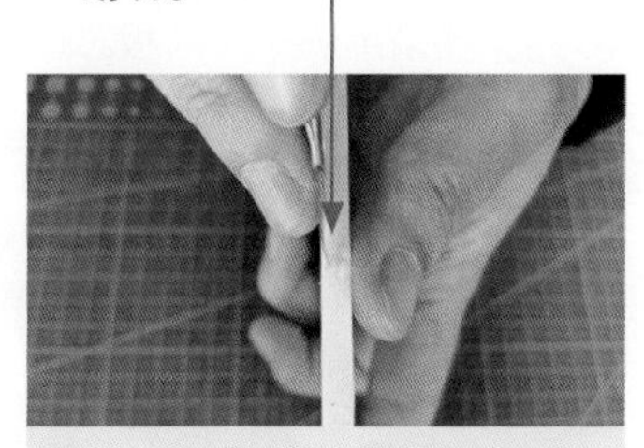

分离表层

采用不锈钢尺端头将板芯材料刮除。

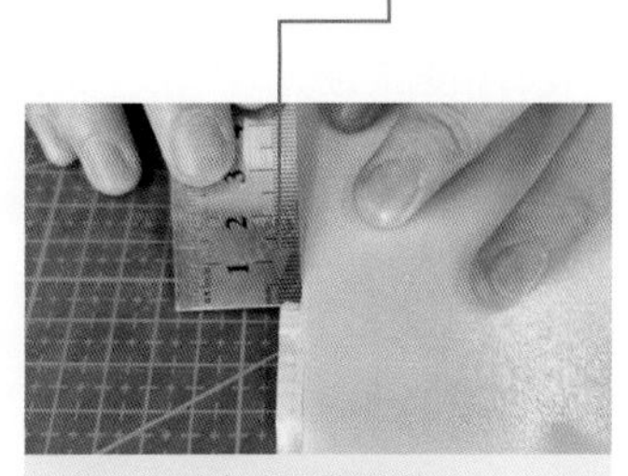

刮除板芯

保留板材的表皮。
裁切一块同等宽度板材作相同处理。

⬆ 保留表皮

用游标卡尺测量板材厚度，确保厚度一致。

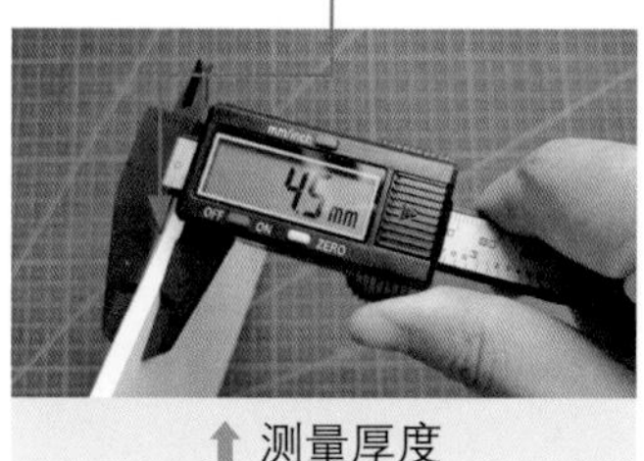

⬆ 测量厚度

将两块经过加工的板材采用 502 胶粘贴在一起，形成凹槽。

⬆ 粘贴对接

4.1.2.2 制作碰角造型

KT 板质地较软，能轻松制作碰角造型，加工难度低。但是，要做到严丝合缝，还需要长时间练习。碰角造型是建筑模型中墙体转角的必备工艺，能反映建筑模型的品质感。

采用三角尺将板材边缘修平整，形成标准 90° 角。

⬆ 修整边缘

精确测量划切的距离，采用不锈钢尺，边移动、边划切。

⬆ 划切表皮

徒手剥离被划切掉的表皮。

⬆ 剥离表皮

仔细削切板芯内的泡沫层，形成斜角，但不要削切过度。

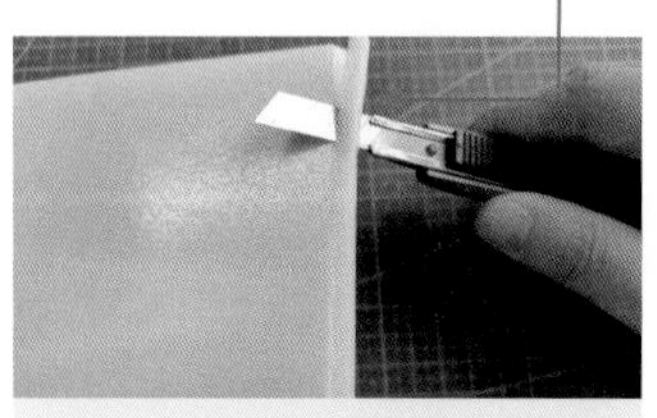

⬆ 削切板芯

将 800# 细砂纸粘贴在另一块板材上，对倾斜面仔细打磨平整。

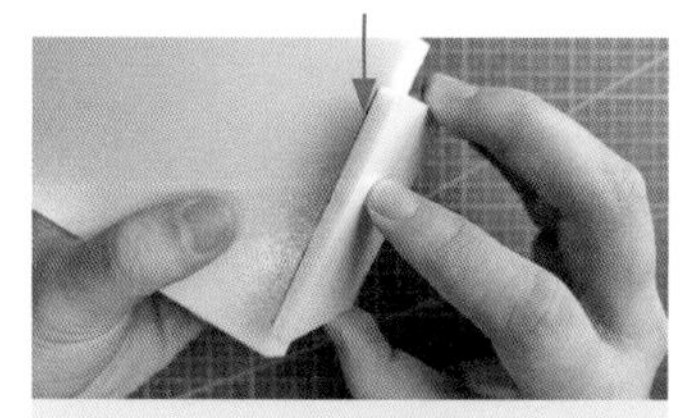

⬆ 砂纸打磨

仔细检查所形成的斜角是否平整。

⬆ 形成斜角

120° 墙角为 2 个 60° 斜角对接、粘贴而成。

⬆ 120° 对接

90° 墙角为两个 45° 斜角对接、粘贴而成。

粘贴时不能用 502 胶，避免对聚苯乙烯板芯造成腐蚀，只能使用模型胶粘贴。

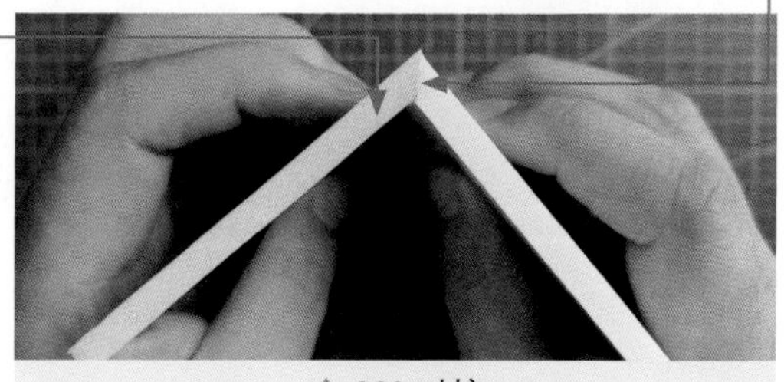

⬆ 90° 对接

4.1.2.3 制作弧形边缘斜角造型

对 KT 板进行弧形切割并不难，但是要将弧线进一步加工成斜角造型。需要采用泡沫线型切割机进行加工。

用笔在纸上绘制出弧形形体轮廓，或用计算机制图软件绘制后打印。

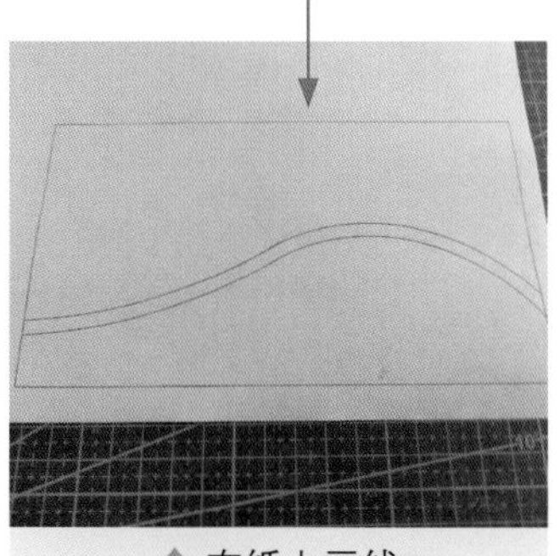

在纸上画线

顺着轮廓裁切后，粘贴到 KT 板上。

将纸张粘贴到板材上

采用美工刀切割成弧形，分离板材。

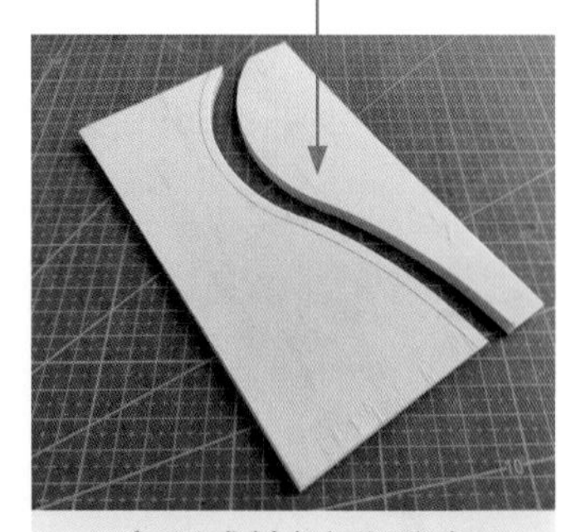

形成斜角切割分离

根据弧形轮廓小心划切板材表皮。

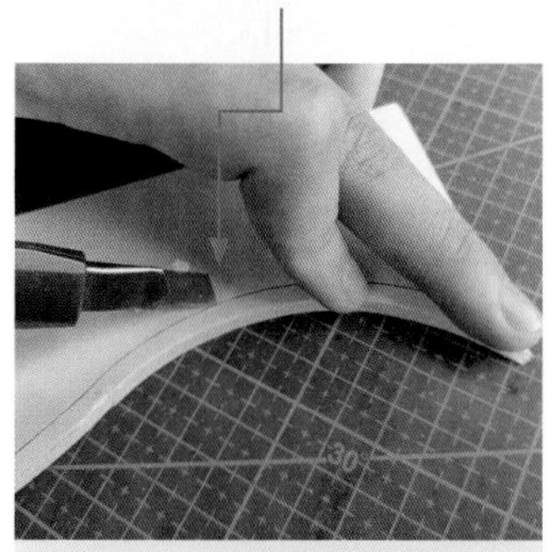

划切表皮

徒手剥离被划切掉的表皮。

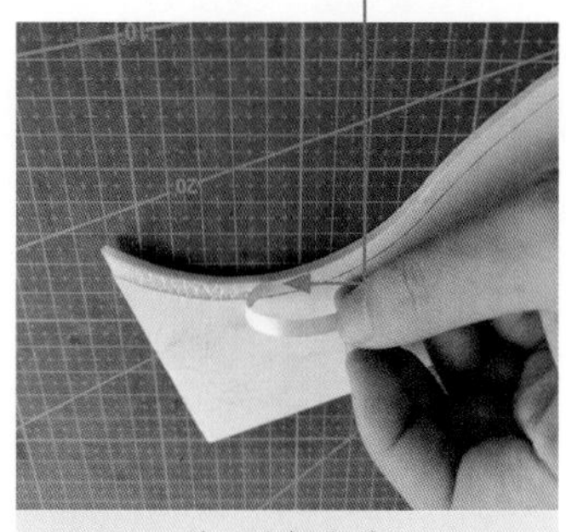

剥离表皮

仔细削切板芯内的泡沫层，形成斜角，但不要削切过度。

削切板芯

采用 800# 细砂纸，徒手对倾斜面仔细打磨平滑。

砂纸打磨

采用泡沫线型切割机上的热熔丝对倾斜面上的不平整部位进行刮切。

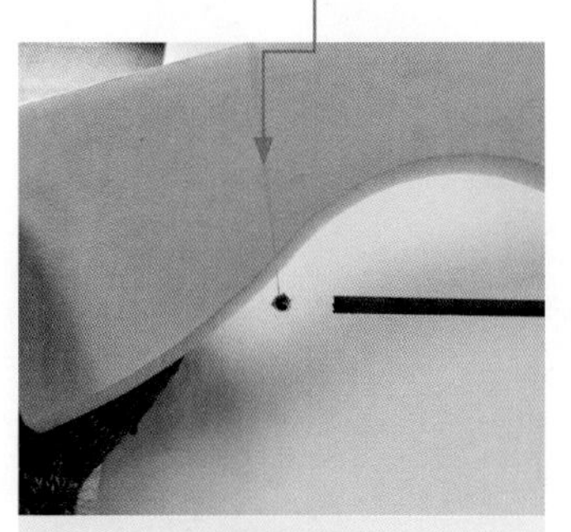

切割机加工

多次反复刮切、打磨，最终形成平滑、完整的斜角造型。

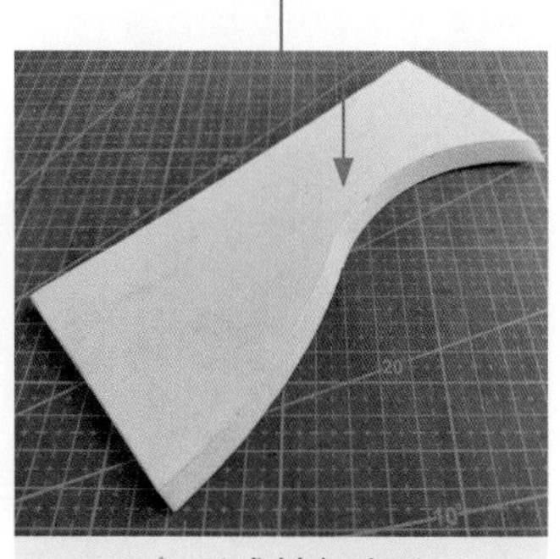

形成斜角造型

4.1.3 亚克力板切割

4.1.3.1 直线切割

亚克力板材质地较硬，最小厚度规格为 1mm；切割时需要花费较大力量，容易划切走样，甚至伤到手指，必须全神贯注地精细操作。

确定尺寸与位置后，采用美工刀多次划切表面。每次划切深度很小，这里选用的是厚 2mm 的亚克力板，按中等力度需要反复划切 6~8 次。

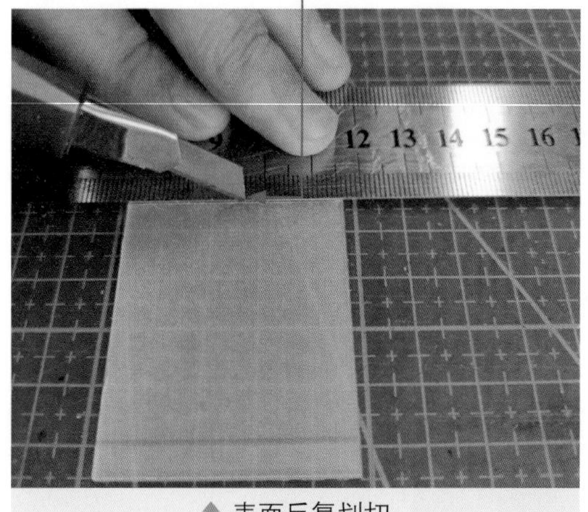

⬆ 表面反复划切

尝试用手掰开。如果掰开不均衡，应当继续划切凹痕。

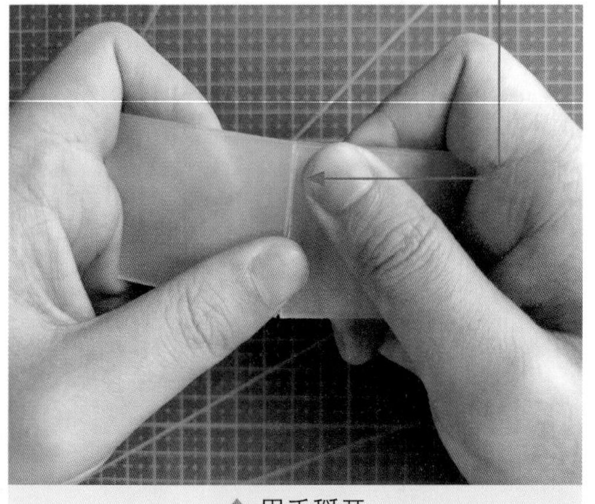

⬆ 用手掰开

掰断后，采用 800# 细砂纸徒手平滑裁切断面。

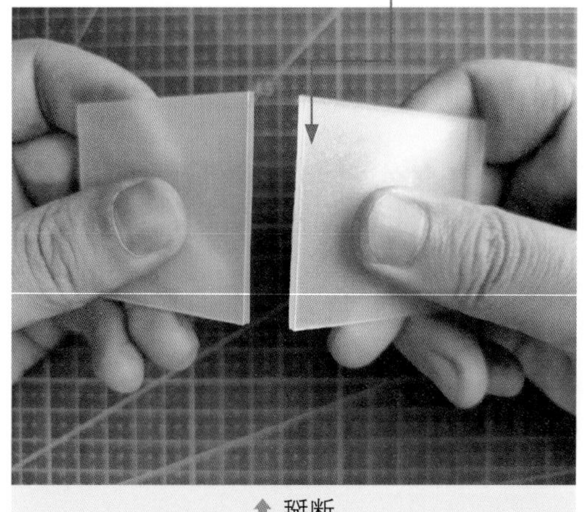

⬆ 掰断

如果不需要断开，划切时的力度应当更小；可多次尝试掰开，直至能形成折角。注意表皮在建筑模型安装成型之前再揭开，以免表面受到划伤。

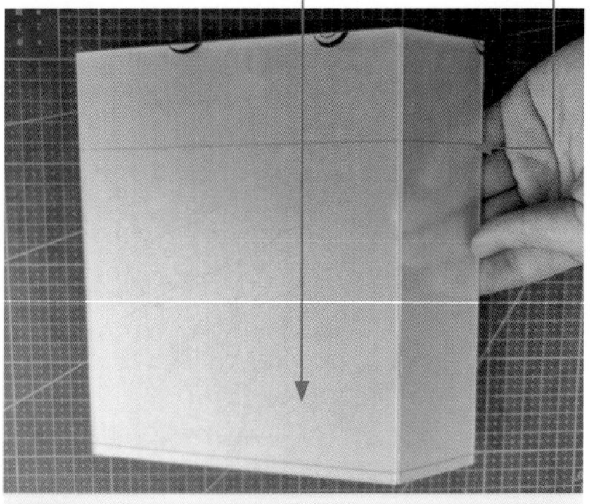

⬆ 掰成折角

4.1.3.2 L形切割

借助手电钻钻孔可终止板材切割的端头。但是，对定位的精准度要求很高，应尽量选用规格小的钻头对L形转角处进行加工。

确定尺寸与位置后，采用美工刀多次划切表面。

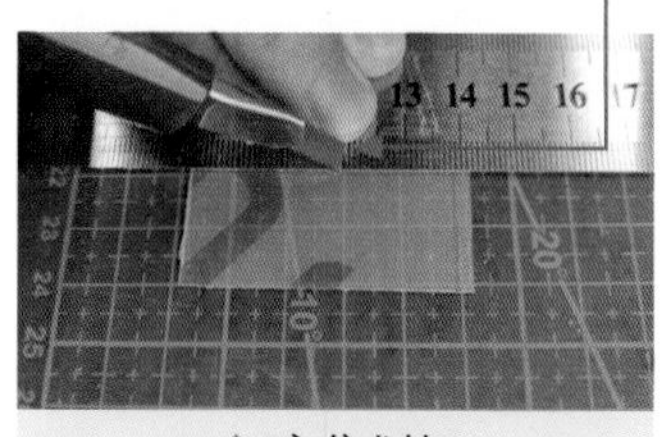

⬆ 定位划切

在两条划痕相接处，用手电钻钻孔，选用ϕ 2mm 麻花钻头。

⬆ 在交界处钻孔

轻轻反复扭动划痕两侧的板块。

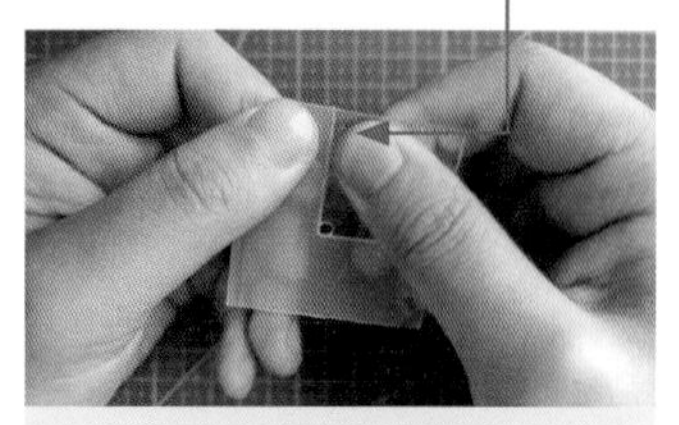

⬆ 轻轻掰断划痕

将板材完全掰断脱离。

⬆ 掰开断片

仔细修、切钻孔的圆角，将圆角修、切成直角。

⬆ 美工刀修、切

完成后，根据需要用800#细砂纸打磨，裁切断面。

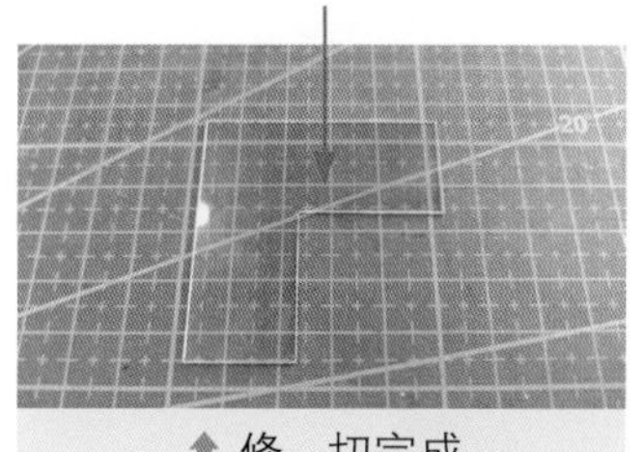

⬆ 修、切完成

4.1.4 聚苯乙烯泡沫切割

聚苯乙烯泡沫是建筑模型制作中常用的形体材料。该材料轻质，可塑性强；可采用聚苯乙烯泡沫切割机加工，简单实用。

4.1.4.1 切割准备

聚苯乙烯泡沫切割机的工作原理很简单，是通过直流电对电热丝加温后熔解聚苯乙烯泡沫体块，使其分离出多种造型。在正式切割前，要做好准备工作，将电热丝安装到位，尽量绷直。

电热丝 门桥 底座滑槽 刻度尺

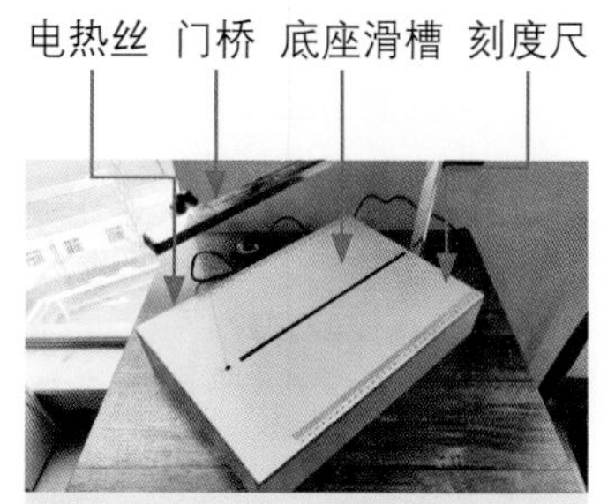

⬆ 切割机组装

下部电热丝连接电源正极。

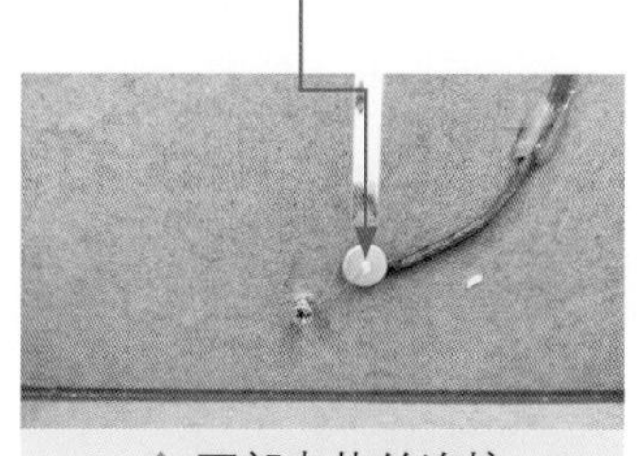

⬆ 下部电热丝连接

上部电热丝连接拉簧后，再接电源正极。

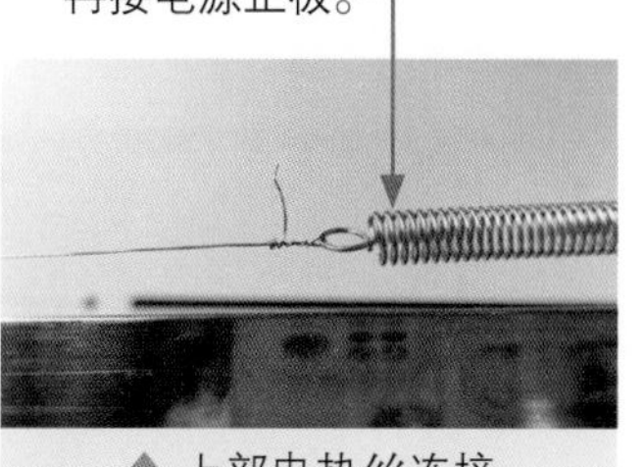

⬆ 上部电热丝连接

拉伸弹簧卡块，将电热丝绷直。

电热丝保持垂直。

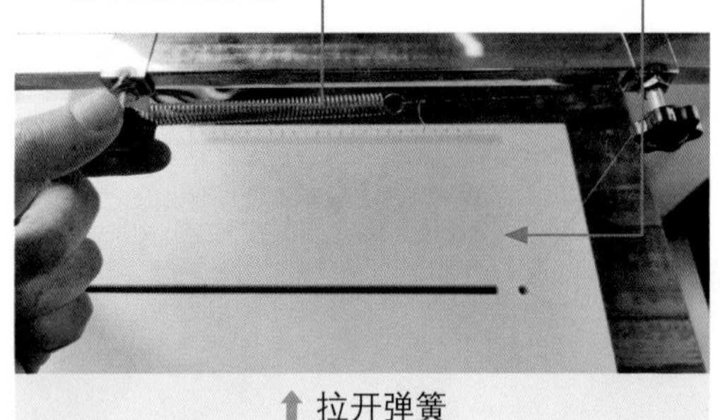

⬆ 拉开弹簧

推动聚苯乙烯泡沫体块。

滑槽推板

⬆ 平推材料

4.1.4.2 切割圆柱体

为了将立方体聚苯乙烯泡沫切割为圆柱体，需要制作一个支撑基点；可将泡沫体块固定在基点上旋转即可，关键在于精确测量尺寸并定位精准。

采用直尺测量中心位置。

⬆ 测量中心线

采用 KT 板制作一个正方形基盘。

将泡沫立方体放置在基盘上，观察电热丝的位置是否合适。

⬆ KT 板制作底座基盘

在底座基盘上切割凹槽，宽度与切割机底座凹槽一致。

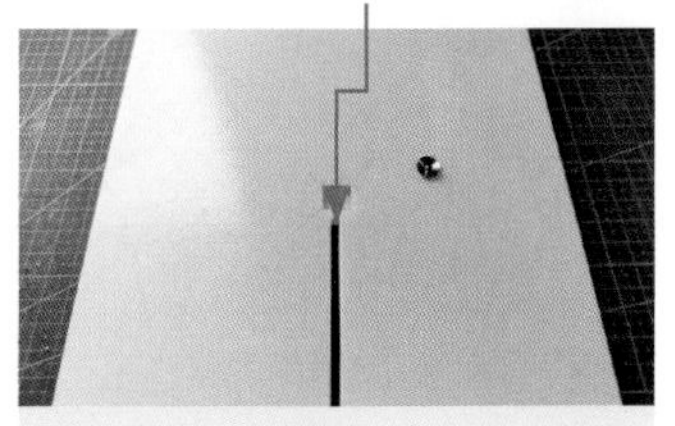

⬆ 在底座基盘上切割凹槽

采用勾刀在基盘中心部位切割出内凹孔。

⬆ 切割中孔

将图钉置入孔中穿透 KT 板，用 502 胶粘贴固定。

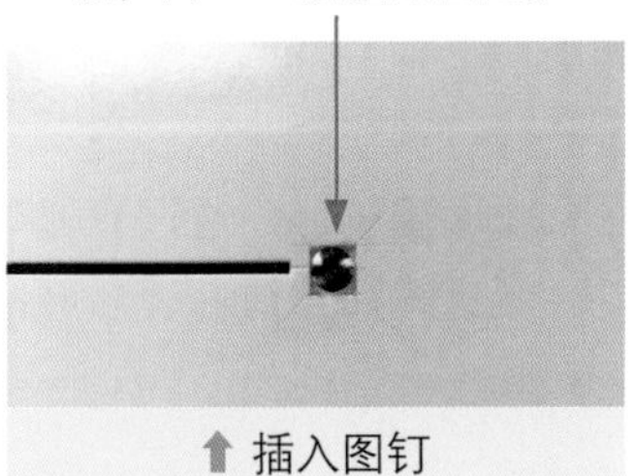

⬆ 插入图钉

将 KT 板基盘翻面，用直尺测量图钉与电热丝之间的距离。

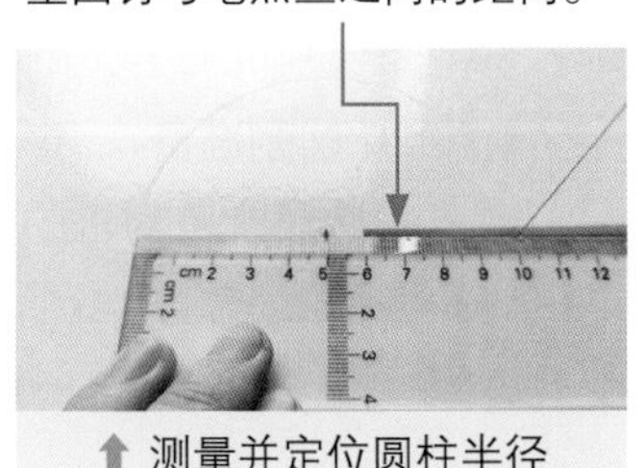

⬆ 测量并定位圆柱半径

将正方体聚苯乙烯泡沫体块再次放置在 KT 板基盘上，体块中心插在图钉上。

⬆ 将泡沫体块放置在图钉上

精确对准电热丝，反复校正位置。

⬆ 再次对准定位

匀速旋转正方体，即可获得圆柱体。

⬆ 旋转切割

4.1.4.3 切割楼梯形

将聚苯乙烯泡沫切割为楼梯形，此法适用于快速制作建筑模型中的楼梯构造；可将楼梯形体绘制在纸上并裁剪下来，粘贴到泡沫板料上，再根据剪切形体轮廓手动平移，进行切割即可。

在纸上画出楼梯形体轮廓，剪切下来。

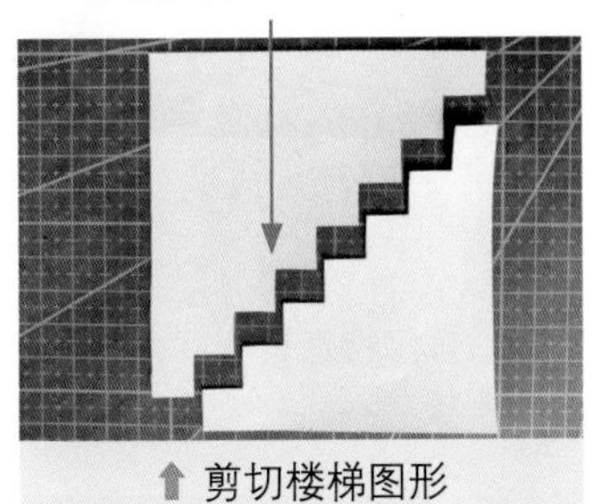

⬆ 剪切楼梯图形

采用双面胶将纸张轮廓贴在泡沫板上。

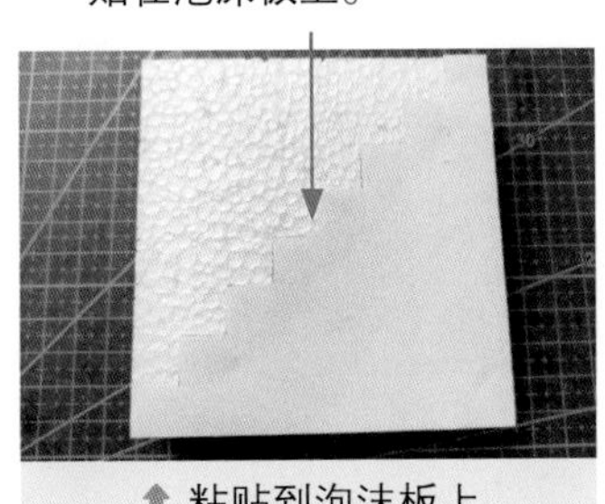

⬆ 粘贴到泡沫板上

手工对准电热丝，精准定位。

⬆ 对准电热丝

手工平缓移动，对泡沫板块进行切割。

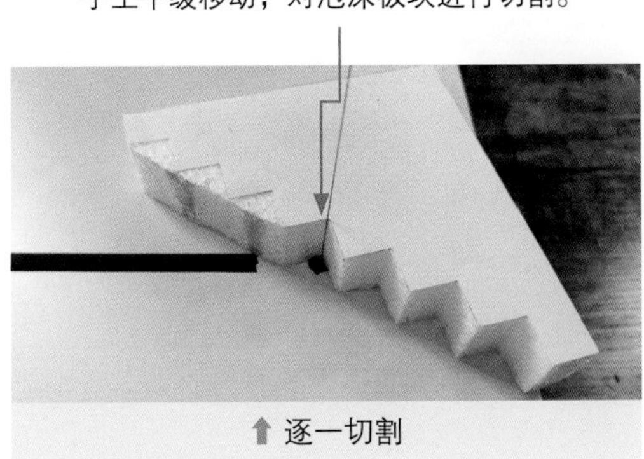

⬆ 逐一切割

切割完成后，仔细检查；可再次切割校准。

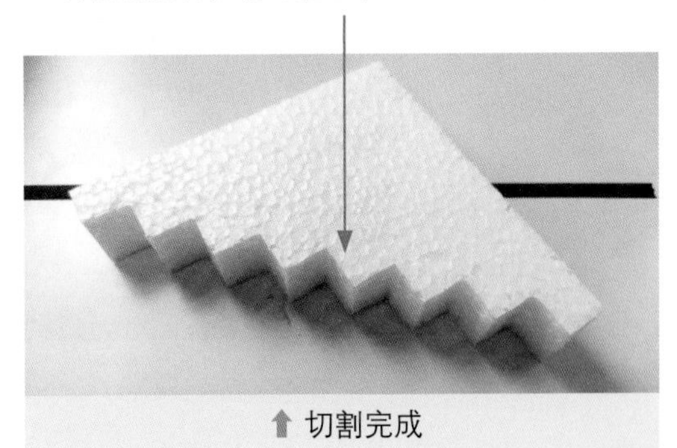

⬆ 切割完成

4.1.4.4 制作凹陷与开孔造型

对于复杂造型，应当多方面考虑各种方法，例如可以采用多层板块切割后叠加，形成变化丰富的形体构造。开孔时，需要将电热丝拆卸后，从孔洞中穿过后再进行切割。

在纸上画出楼梯形体轮廓，剪切下来。

⬆ 剪切设计图形

根据设计尺寸，切割多块泡沫板。

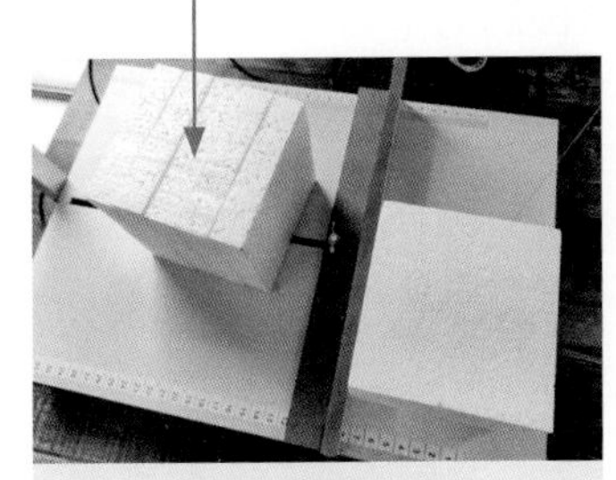

⬆ 统一切割板块

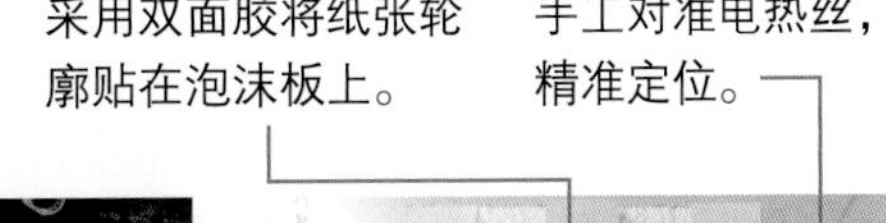

采用双面胶将纸张轮廓贴在泡沫板上。

手工对准电热丝，精准定位。

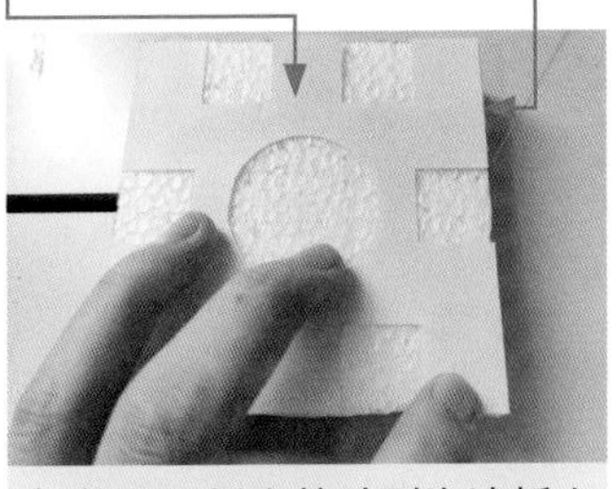

⬆ 将图形纸张粘贴到泡沫板上

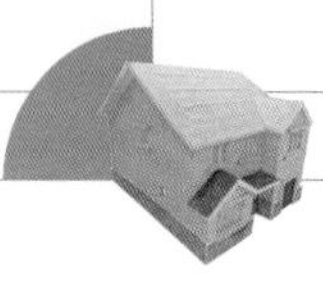

将多个形体仔细切割完成。

⬆ 逐一切割完成

采用模型胶将多个形体粘贴起来。

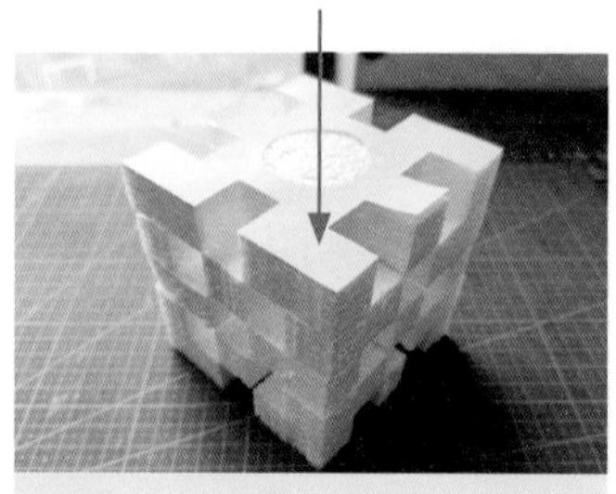

⬆ 叠加粘贴

采用电钻上的麻花钻头，在形体泡沫上手工钻孔。

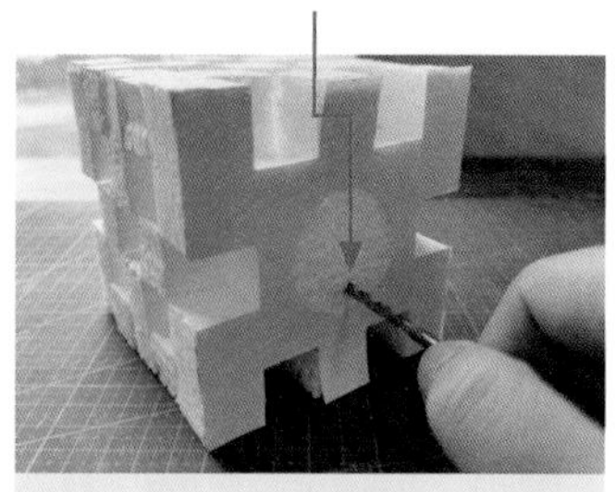

⬆ 钻头钻孔

手工平缓移动泡沫板块形体，进行切割。

⬆ 电热丝穿过孔洞切割

切割完成后仔细检查，可再次切割校准。

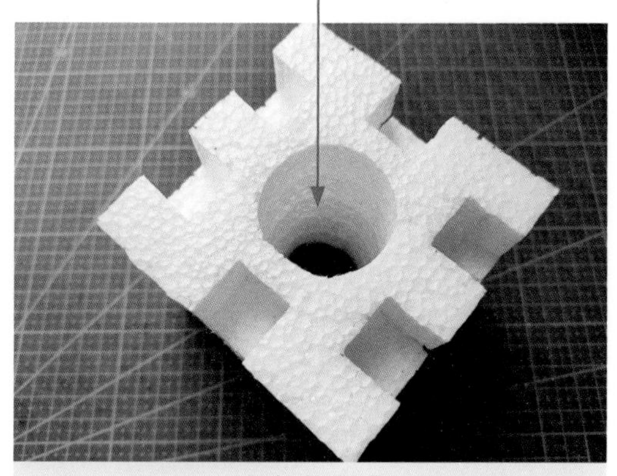

⬆ 切割完成

4.2 削切打磨方法

对材料进行打磨与削切是建筑模型比较基础的造型方法，可合理采用砂纸、美工刀、研磨剂等基础材料来创造出平滑圆润的基础造型。下面介绍手工模型常用材料的打磨削切方法。

4.2.1 KT 板、聚苯乙烯泡沫削切打磨

4.2.1.1 准备工作

合理运用砂纸，根据需要对砂纸进行加工，方便手持加工。

在 KT 板的一面上用美工刀划切出较浅的凹槽，方便折成弧形。

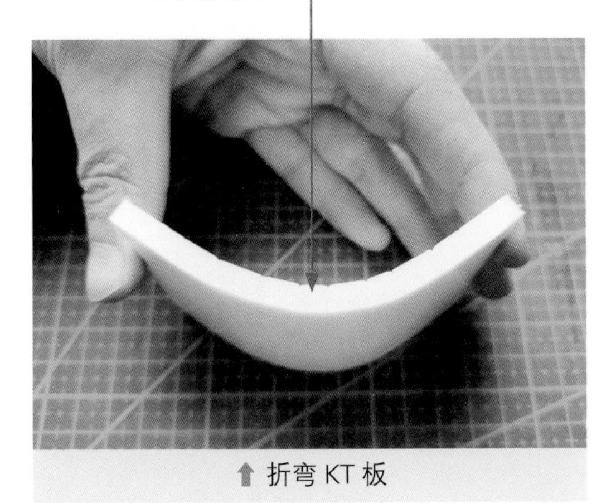

⬆ 折弯 KT 板

采用双面胶将砂纸粘贴到 KT 板上，形成砂纸打磨块，方便使用。

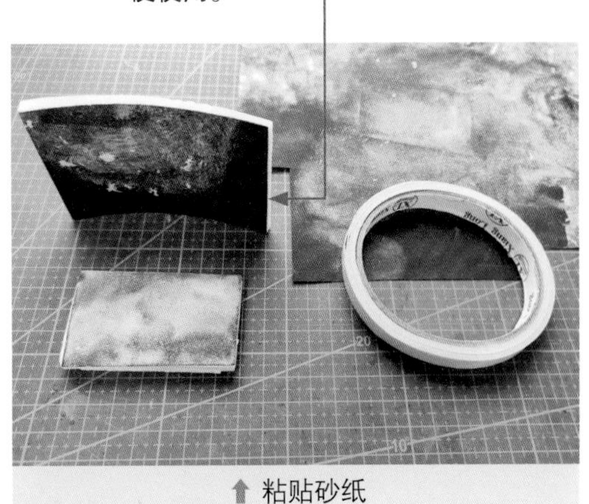

⬆ 粘贴砂纸

4.2.1.2 削切半圆顶造型

半圆顶造型适用于仿古建筑，需要采用美工刀进行削切；还可配合砂纸进行打磨，最后采用切割机修饰，多次反复精雕细琢才能达到完美造型。

采用切割机切出圆柱与外框。

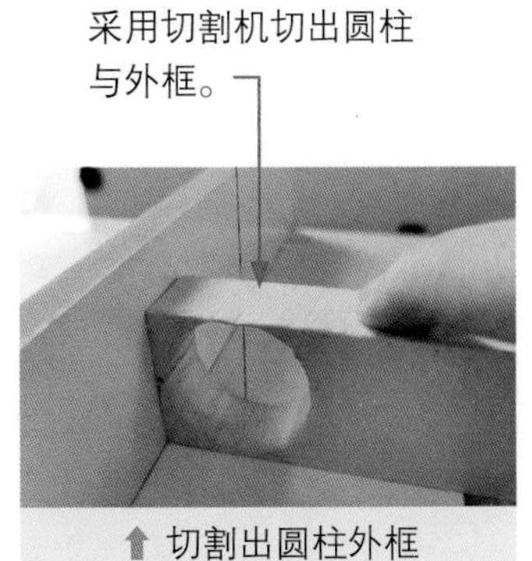

⬆ 切割出圆柱外框

圆柱　保留 50%外框

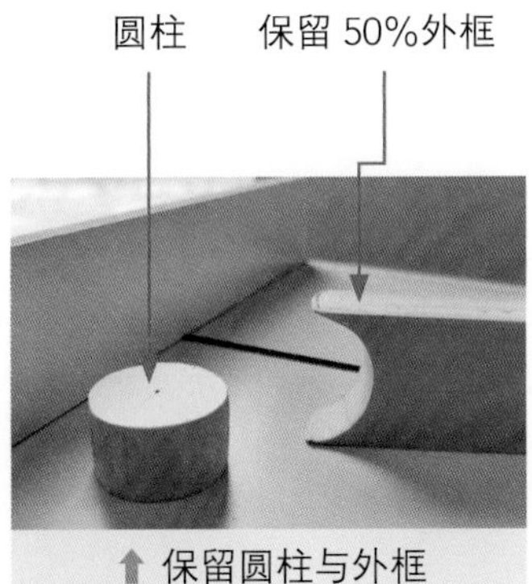

⬆ 保留圆柱与外框

圆柱高度 50%划线

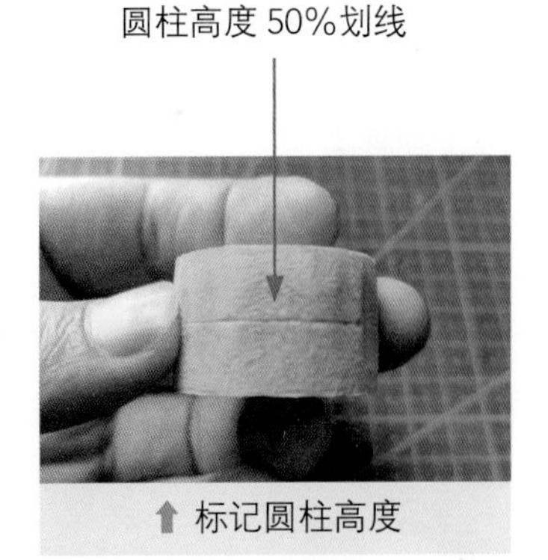

⬆ 标记圆柱高度

美纹纸粘贴一周。

⬆ 圆柱粘贴美纹纸

采用双面胶将砂纸粘贴到圆柱外框上。

⬆ 圆柱外框粘贴砂纸

多方向环绕打磨。

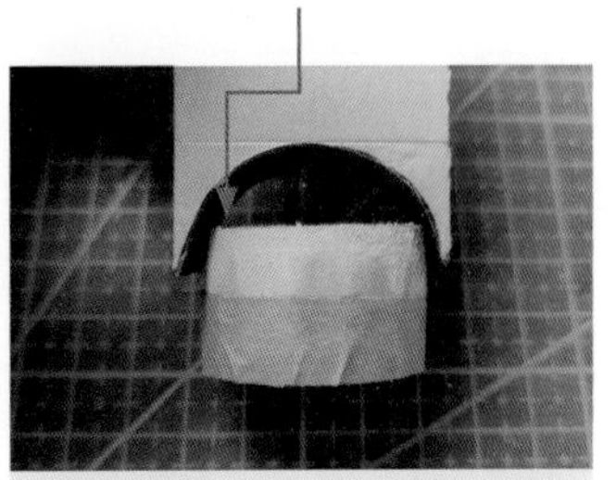

⬆ 外框打磨圆柱

仔细削切半球造型。

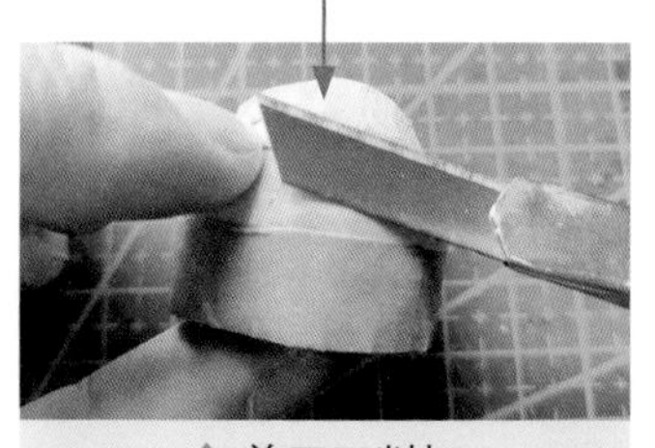

⬆ 美工刀削切

多次打磨半球造型。

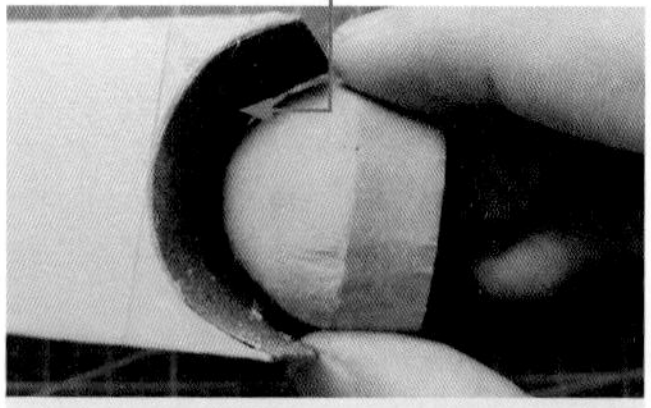

⬆ 反复打磨

多角度观察半球造型平整度。

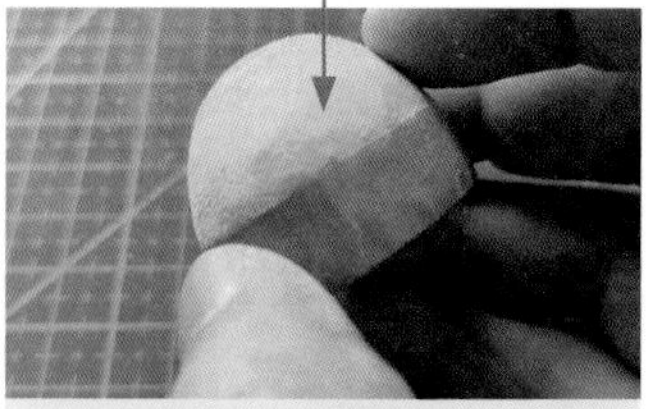

⬆ 检查平滑度

采用切割机修饰后，将半球形体切割、分离出来。

⬆ 切割机磨削

完成后，还可继续打磨、加工，直至完美。

⬆ 加工完成

4.2.1.3 削切球体造型

球体造型是加工其他模型构造的基础，削切难度大，需要多次反复练习。其加工方法与半圆顶造型类似。

用圆规在纸上画出圆形并剪切，贴在聚苯乙烯立方体上表面。

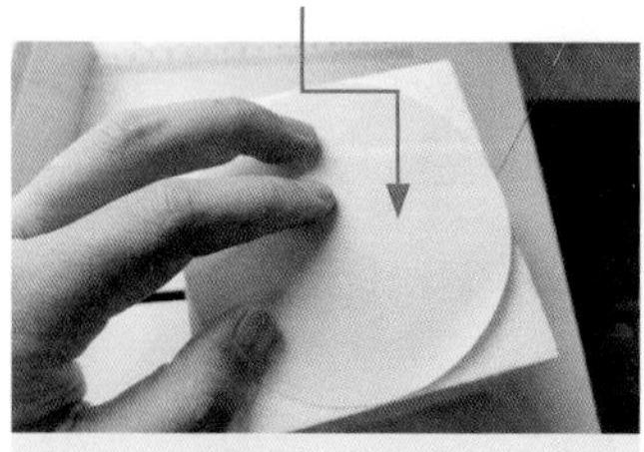

⬆ 剪切设计图形

将立方体旋转切割，形成多面弧形造型。

⬆ 旋转切割立方体

采用美工刀削切棱角。

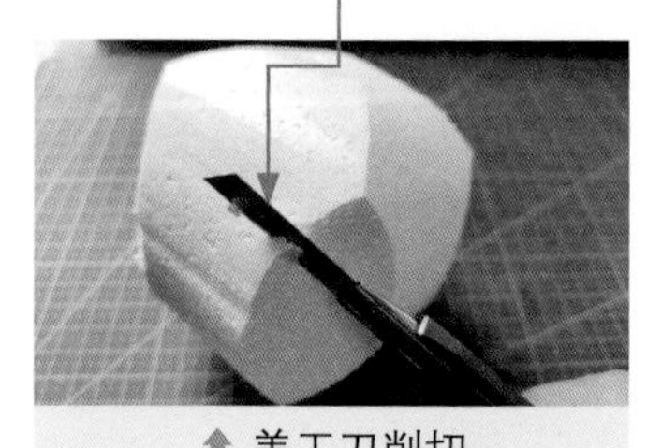

⬆ 美工刀削切

尽量削切平整圆滑。

⬆ 削切成雏形

多次打磨球型。

⬆ 砂纸打磨

反复观察球体表面并精细打磨。

⬆ 形体完成

4.2.2 亚克力板削切打磨

4.2.2.1 花纹打磨

亚克力板表面光洁，容易受到外界磨损，需要经过打磨处理。

亚克力板表皮揭开后容易受到磨损。

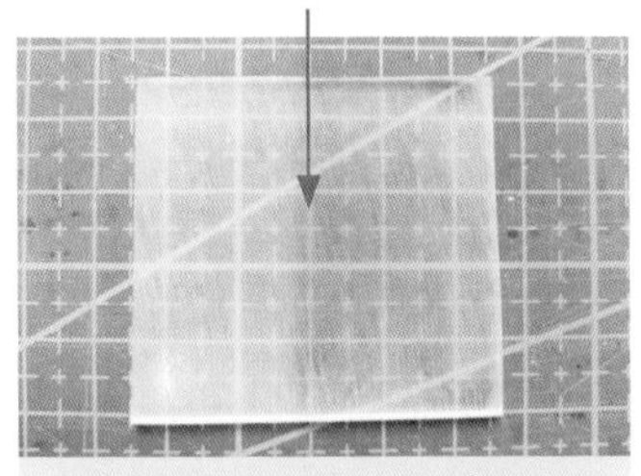

磨花的亚克力板材

在1000#细砂纸表面上蘸水，打磨平整。

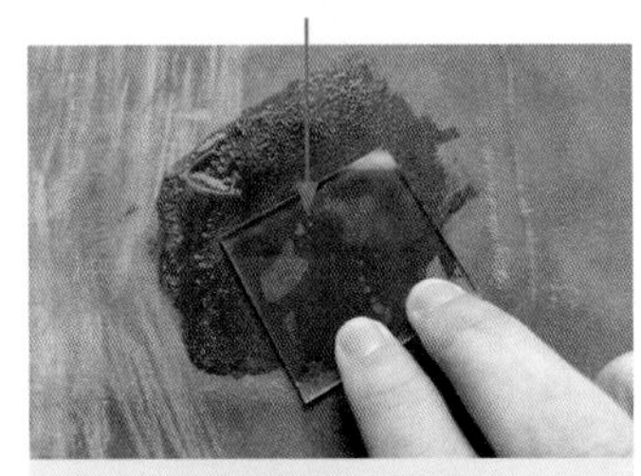

细砂纸打磨

双面同时打磨，同步打磨边角。

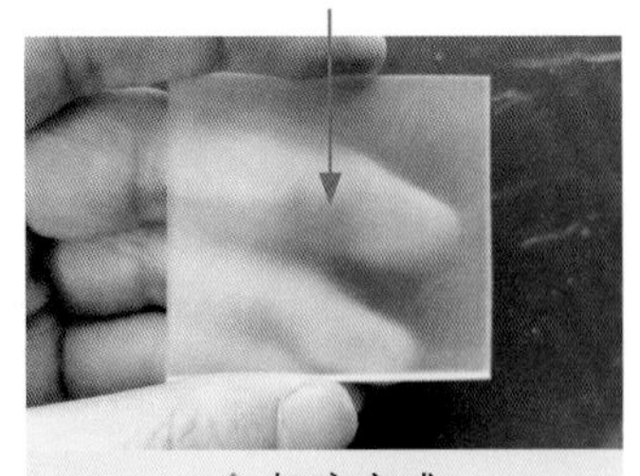

打磨完成

研磨剂

挤出研磨剂平涂在亚克力板上。

采用配套海绵打磨。

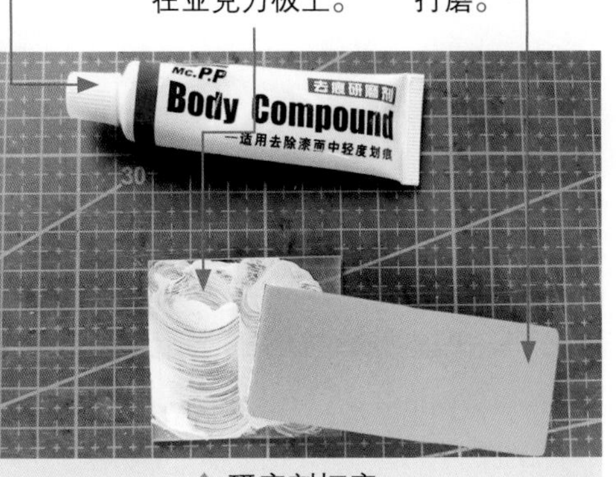

研磨剂打磨

打磨完毕后，尽快安装在模型上并保护好表面。

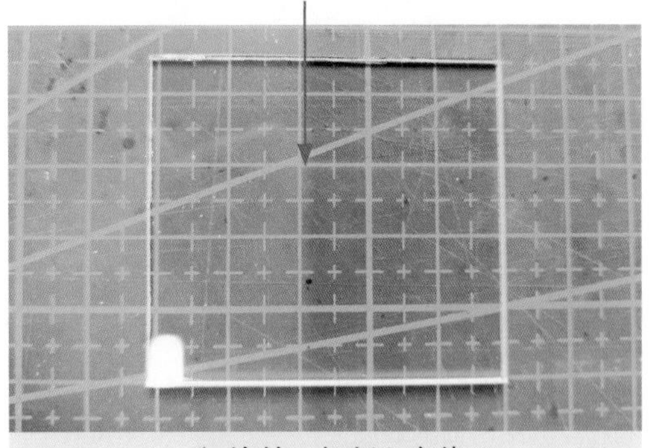

旋转、切割立方体

4.2.2.2 条纹造型

通过在亚克力板表面制作条纹，可用于建筑模型中的百叶窗、玻璃幕墙等构造；主要采用划切后，填入颜料的方式制作。

勾刀划切板材表面，力度要大，板材厚度2mm。

勾刀划切

将白色丙烯颜料涂抹至板材表面，用棉签揉入划痕中。

涂抹白色丙烯颜料

待半干时用纸巾擦除表面颜料。

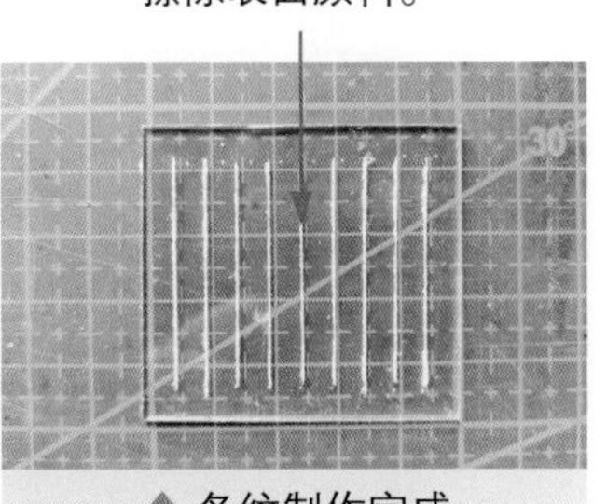

条纹制作完成

4.3 弯曲造型方法

弯曲造型方法是将材料弯曲成弧形造型的必备基础加工工艺，多采用软质材料加工，需要严格控制弧度的均匀程度。还可以根据材料特征进行热加工，即对材料烘烤软化后再进行弯曲处理。

4.3.1 KT 板弯曲造型

4.3.1.1 弯曲造型基础

选用 KT 板，剥离单面表皮，露出聚苯乙烯层内芯进行弯曲。

裁切 KT 板后，揭开其中一面的表皮。

有表皮

手工向有表皮的一侧弯曲挤压。

无表皮

白色即时贴

用同色即时贴覆盖粘贴至无表皮一侧，保持固定成型。

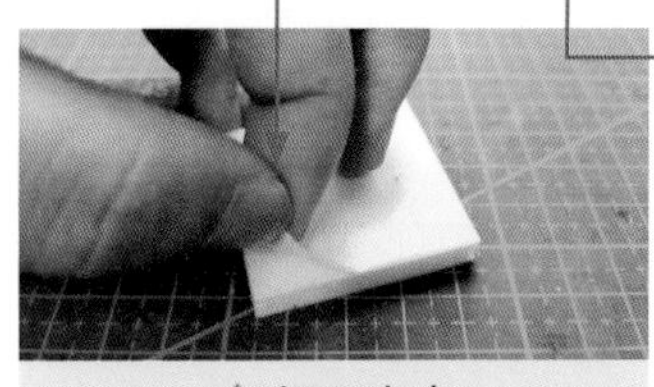
⬆ 揭开表皮

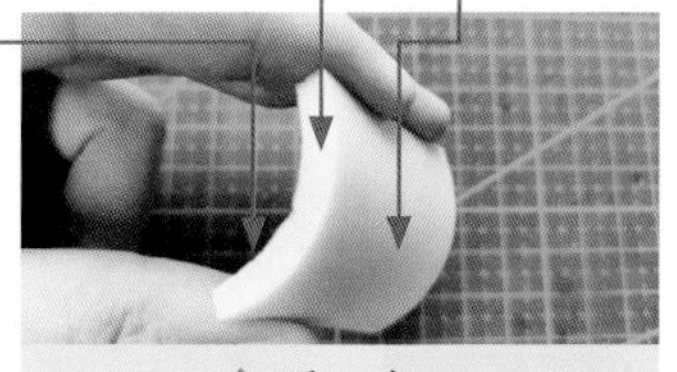
⬆ 手工弯压

⬆ 粘贴即时贴

4.3.1.2 圆角造型

不切断 KT 板，但切割出凹槽，形成圆角弯曲面的内凹空间；再用即时贴固定成型。

裁切 KT 板后，揭开其中一面的表皮。

采用勾刀将需要圆角的部位，刨切出凹槽；刨切深度为 KT 板厚度的 50%。

以手工方式向有凹槽的一侧折叠挤压。

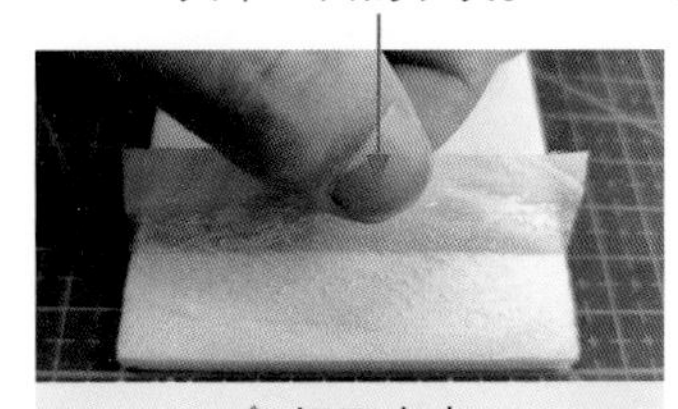
⬆ 揭开表皮

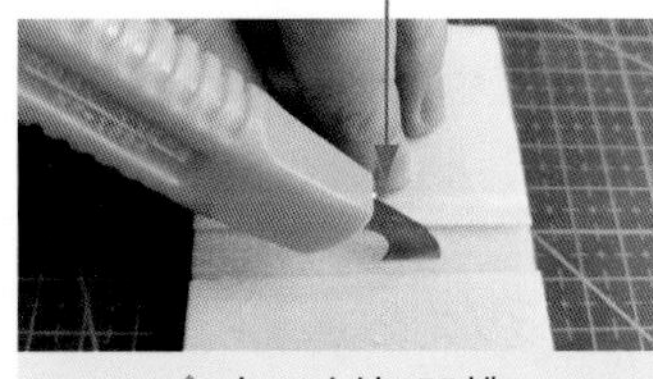
⬆ 勾刀刨切凹槽

⬆ 手工弯压成型

有表皮一侧

无表皮一侧

用同色即时贴覆盖粘贴至无表皮一侧。

调整为 90° 角后粘贴即时贴，保持固定成型。

⬆ 粘贴即时贴

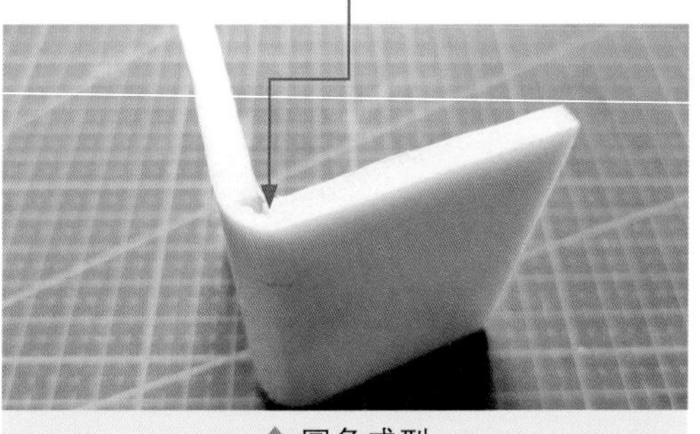
⬆ 圆角成型

4.3.1.3 拱顶造型

制作面积较大的 KT 板弧形造型时，需要借助弧形模具。弧形模具无处不在，这里选用的是建筑模型中常用的自动喷漆罐，参考罐子的弧度对两层 KT 板进行弯压成型。

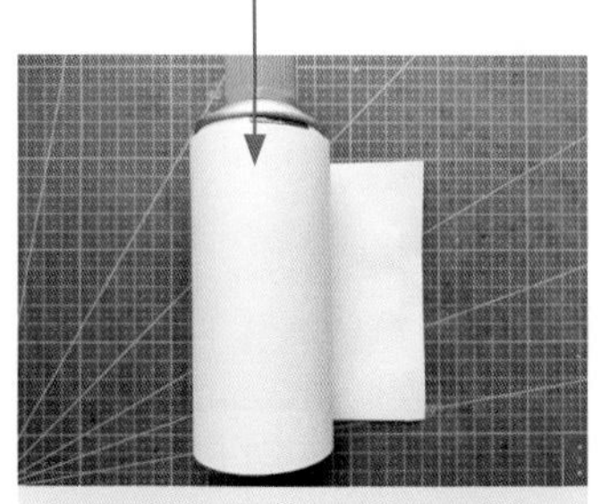

⬆ 将 KT 板环绕喷漆罐

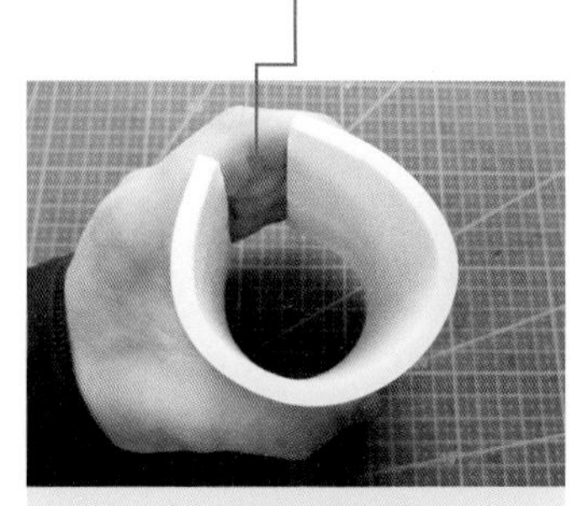

展开后再用手多次压制成型，保持一定曲度。

⬆ 手工压制成型

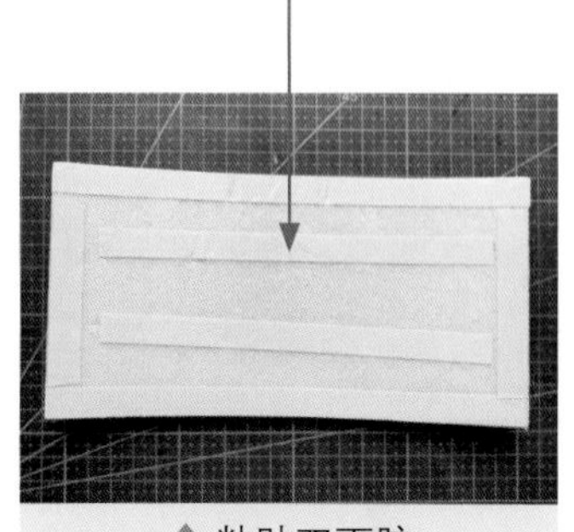

在 KT 板一面上粘贴双面胶。

⬆ 粘贴双面胶

自动喷漆罐外围再环绕一层 KT 板，临时贴紧罐体。

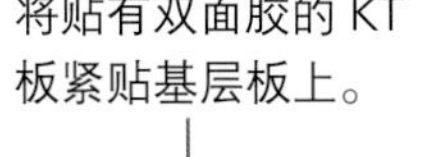

⬆ 在罐子表面覆盖内层 KT 板

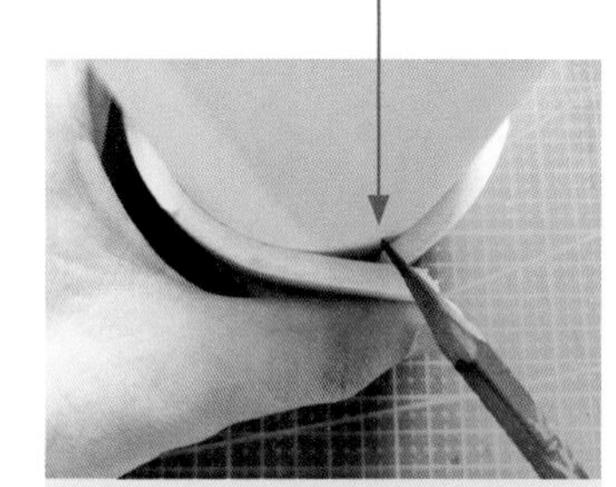

对外层 KT 板进行划线，应定位精准。

⬆ 在外层 KT 板接口处画线对齐

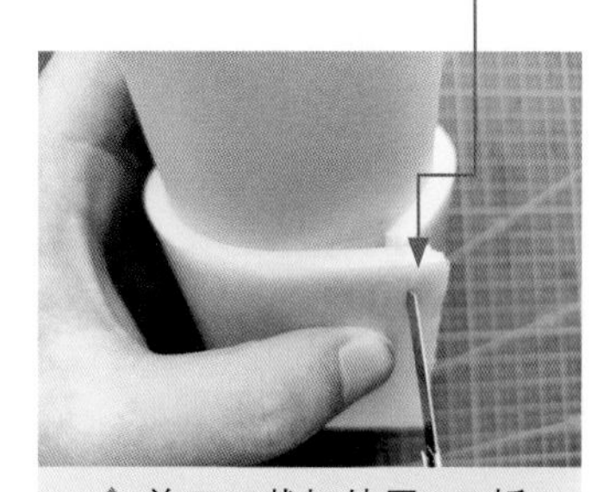

⬆ 美工刀裁切外层 KT 板

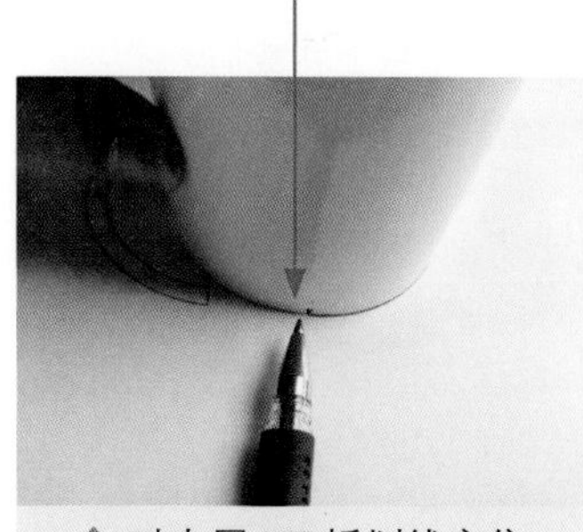

对内层 KT 板进行划线，应定位精准。

⬆ 对内层 KT 板划线定位

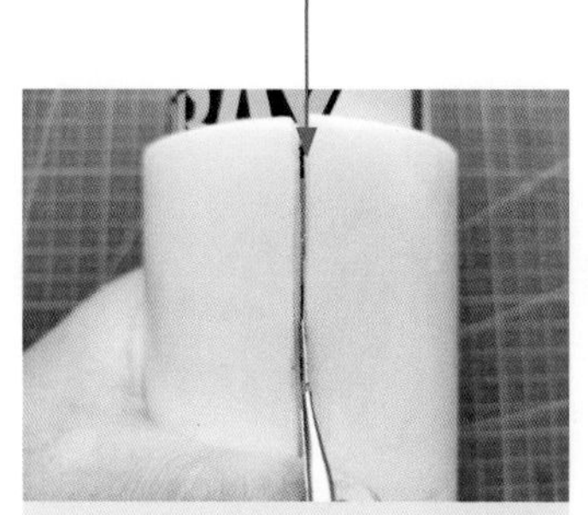

⬆ 美工刀裁切内层 KT 板

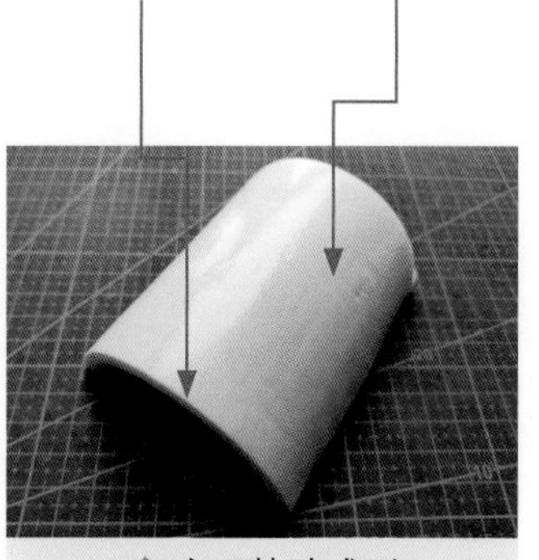

⬆ 弯压粘贴成型

4.3.1.4 圆管造型

根据上述方法，还可以采用 KT 板制作圆管造型。由于圆管形态呈封闭状态，造型更加简单。

自动喷漆罐外围环绕一层 KT 板，板材宽度比罐体周长大些。

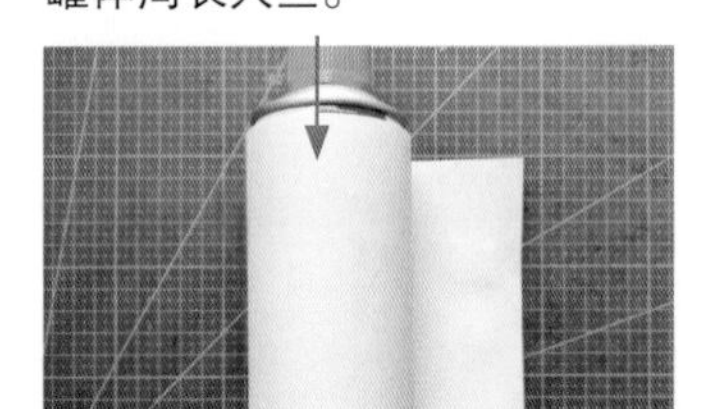

⬆ 将 KT 板环绕喷漆罐

自动喷漆罐外围再环绕一层 KT 板，临时贴紧罐体。

将贴有双面胶的 KT 板紧贴基层板上。

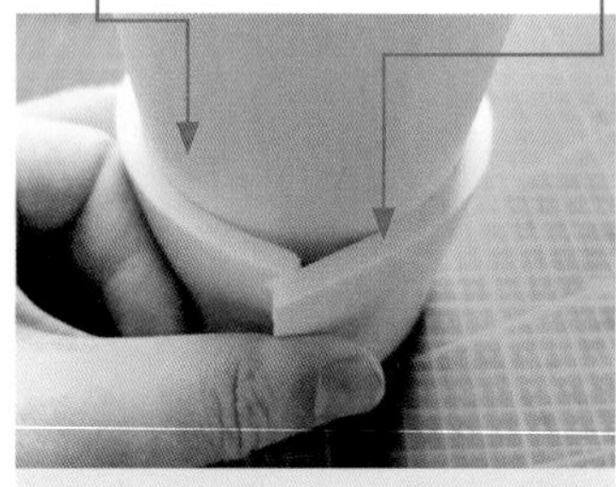

⬆ 在罐子表面覆盖内层 KT 板

用美工刀裁切外层 KT 板。

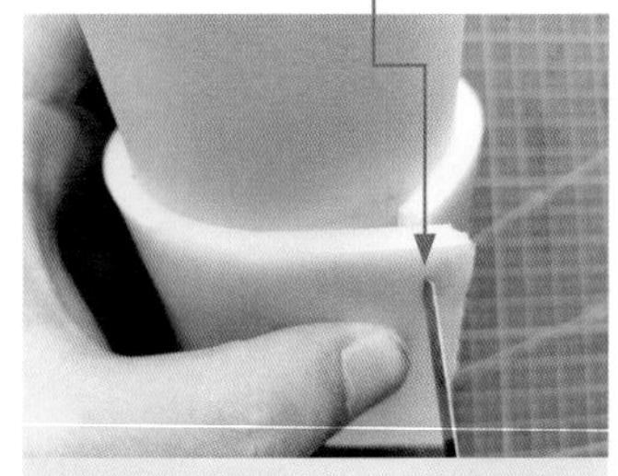

⬆ 美工刀裁切外层 KT 板

拆卸外层 KT 板，内侧用美纹纸粘贴。

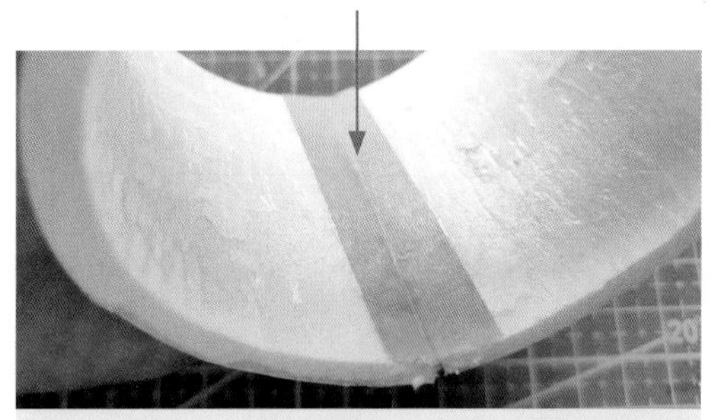

⬆ 将 KT 板环绕喷漆罐粘贴美纹纸

环绕粘贴成圆管状态，需要多次按压成型。

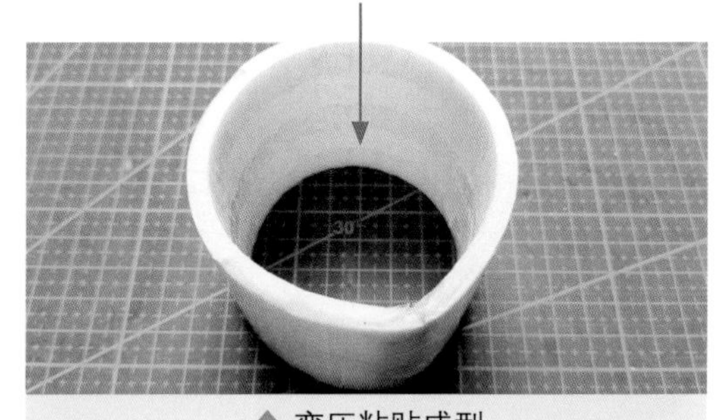

⬆ 弯压粘贴成型

4.3.1.5 波浪墙体造型

根据设计图形，将 KT 板切割成弧形，组合成弧形模具，再将平整的 KT 板在模具上按压成型。

绘制弧形并打印在纸上。

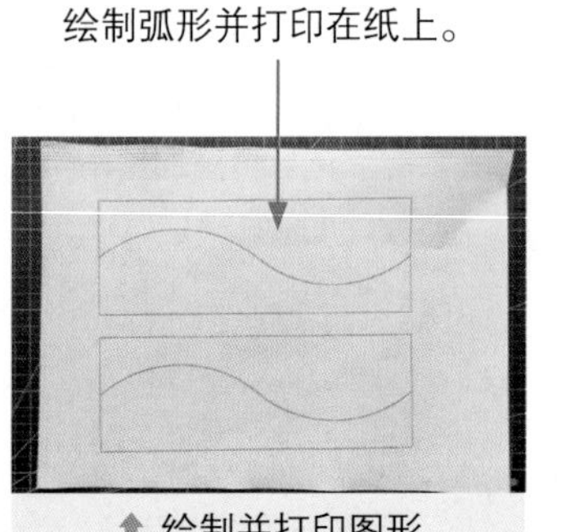

⬆ 绘制并打印图形

将弧形轮廓剪切下来。

⬆ 剪切设计图形

将弧形纸片紧贴在 KT 板上并裁切。

⬆ 美工刀裁切 KT 板

将弧形 KT 板板块粘贴到基层板上制成模版。

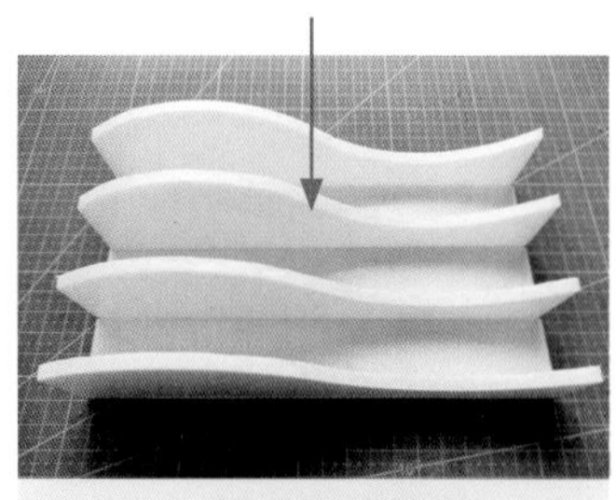

⬆ 粘贴形成模版

在平整的 KT 板上，揭开表皮。

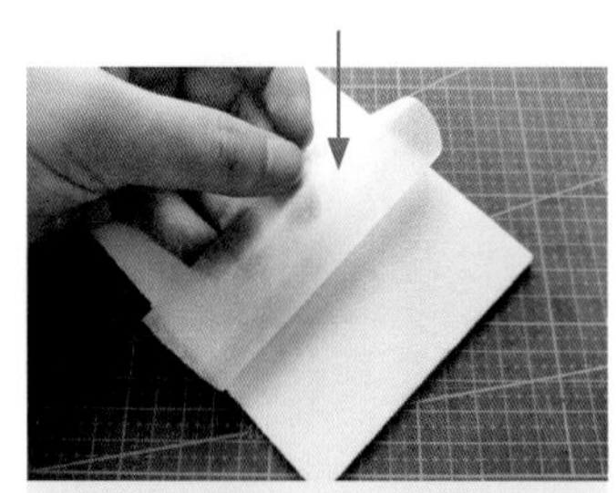

⬆ 揭开 KT 板表皮

将无表皮面向上，按压至模具上。

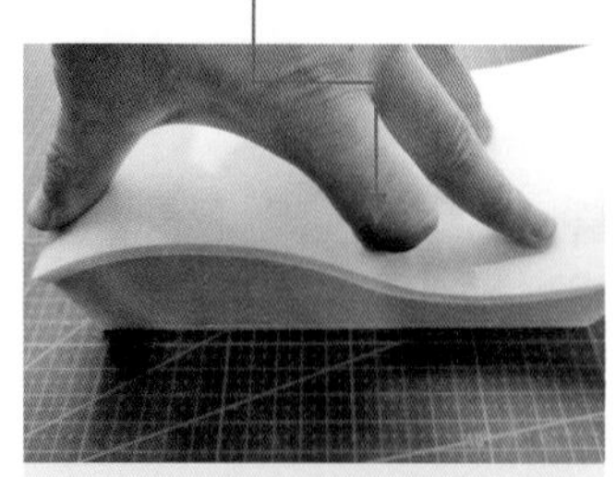

⬆ 按压模具成型

将同色即时贴粘贴到无表皮的 KT 板表面。

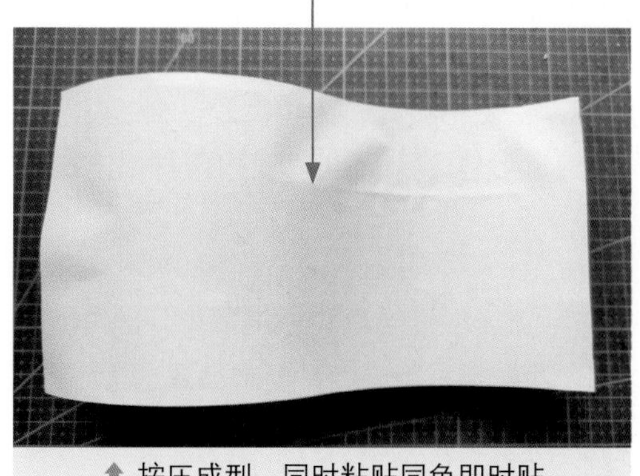

⬆ 按压成型，同时粘贴同色即时贴

弯压成型后，可树立起来。

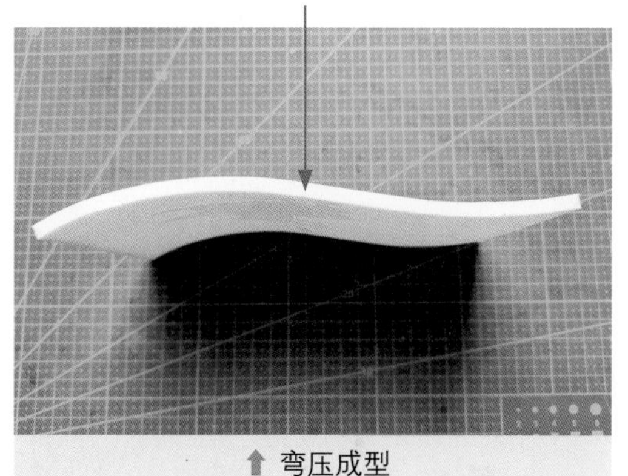

⬆ 弯压成型

4.3.2 透明 PE 胶片弯曲造型

PE 胶片的厚度小于 1mm，具有一定韧性，可以进行热加工制作成弧形或任意形态圆形造型。加热方式多种多样，可以根据实际条件进行选择。这里采用卡式燃气炉加温，火焰温度稳定，加热面积较大，成型效果好且速度快。

箱纸板边框　PE 胶片　卡式炉

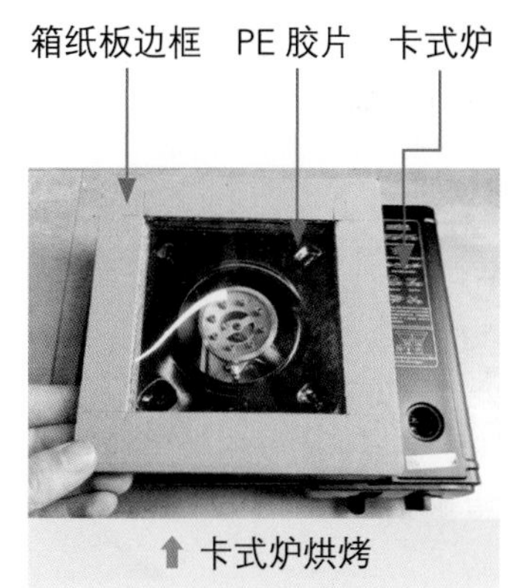

⬆ 卡式炉烘烤

利用好鼓起的饮用水瓶盖，压制成型。

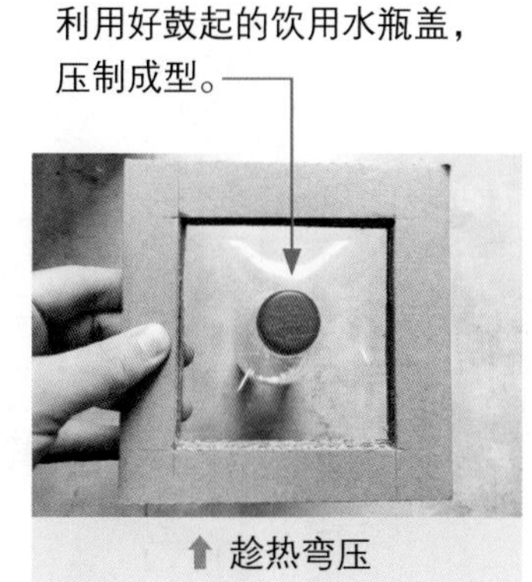

⬆ 趁热弯压

手工弯压调整。

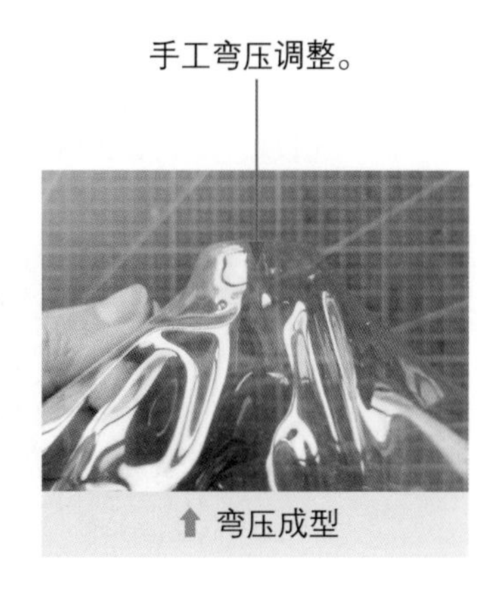

⬆ 弯压成型

裁剪多余边缘。

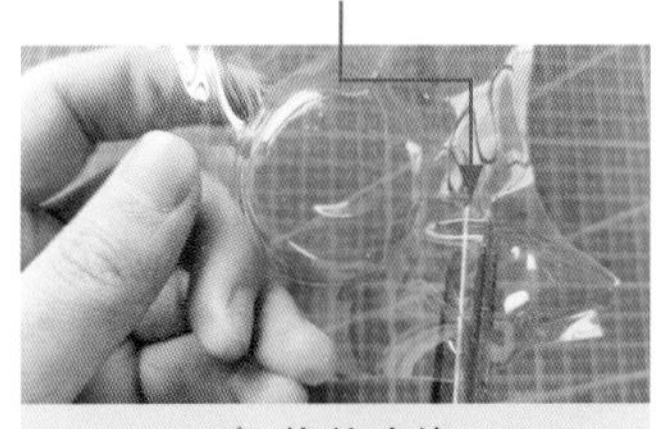

裁剪边缘

美工刀修剪边缘。

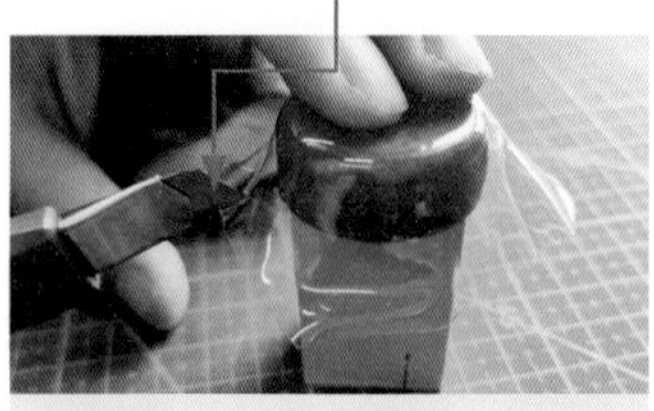

精细切割

可再次加温以调整形体。

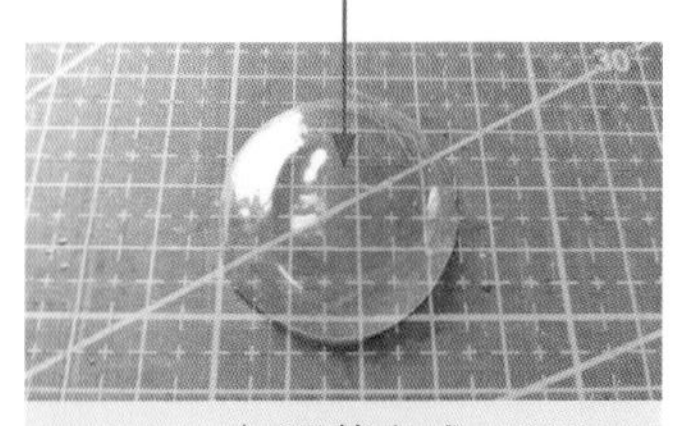

调整完成

4.4 粘贴方法

粘贴是采用各种胶水对模型材料进行组装粘接，主要粘贴材料为模型胶、502 胶、双面胶等；不同材料搭配的不同黏结剂，对于大型构造形体，应当同时使用两种以上的黏结剂。

4.4.1 粘贴基础方法

黏结剂大多比较黏稠，使用时要将其完整、均匀涂抹至材料表面，要求细致、全面。

采用 1mm 厚的亚克力薄板涂抹模型胶，涂抹表面十分均匀。

采用亚克力薄板涂抹模型胶

采用小容量有水雾喷射功能的容器，其内部装入经过稀释后的白乳胶，能喷射到较大面积的模型材料表面。

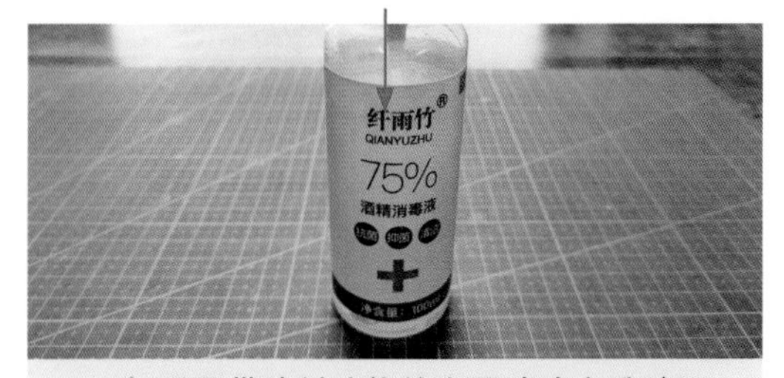

采用带喷射功能的容器喷涂白乳胶

比较黏稠的焊接剂采用棉签涂至模型材料上。

棉签蘸黏稠的焊接剂

采用木杆铅笔笔尖，将板材粘贴后挤出的胶水赶压整齐。

笔尖赶压黏结剂

4.4.2 树木粘贴制作

4.4.2.1 牙签树

可采用牙签制作模型树的主干，可以细泡沫制作树体，通过喷涂绿色涂料，能制作简单、抽象的远景树木。

细海绵可选用日用清洁擦，质地均衡、细腻，可用美工刀裁切。

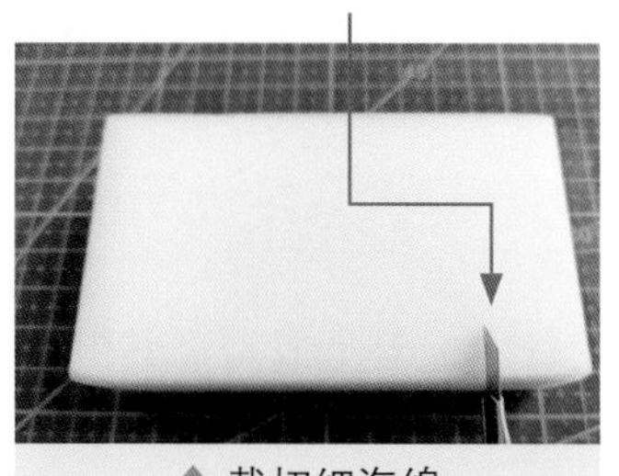

⬆ 裁切细海绵

采用牙签穿至裁切后的海绵中央。

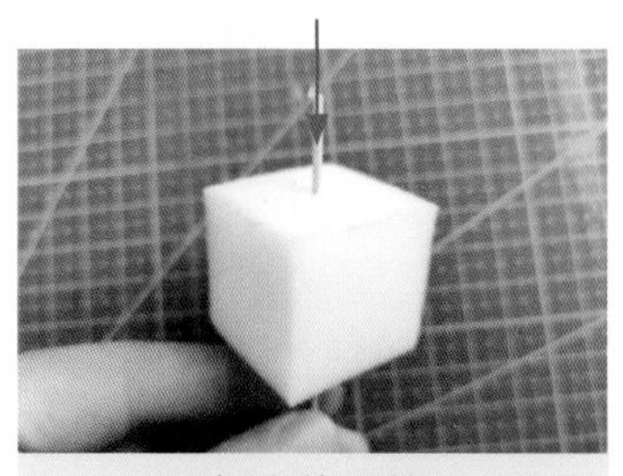

⬆ 串接牙签

根据树的形体，将多块细海绵采用模型胶粘贴组合。

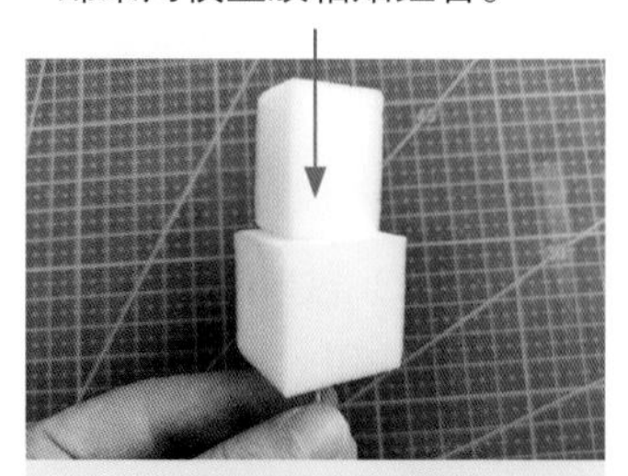

⬆ 多块组合粘贴

采用剪刀将方形海绵修剪成圆形。

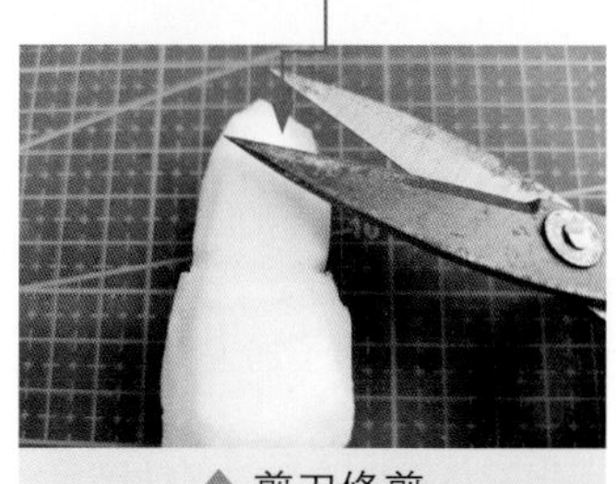

⬆ 剪刀修剪

喷涂绿色涂料。

⬆ 喷涂料

喷涂完成后还可以继续修剪，并再次喷涂料。

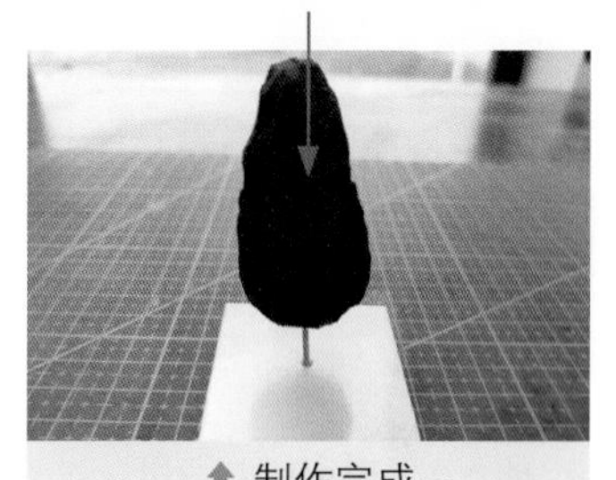

⬆ 制作完成

4.4.2.2 电线树

将电线中的铜丝抽取出来，拉伸、整合成树干与树梢的形态。采用模型胶粘贴纤维棉，再喷涂白乳胶，粘贴绿色泡沫草坪粉，能制作真实、具象的近景树木。

将多股铜芯电线中的铜芯抽取出来，树干部分拧成麻花状。

⬆ 抽取电线中的铜芯

树梢部分整形展开。

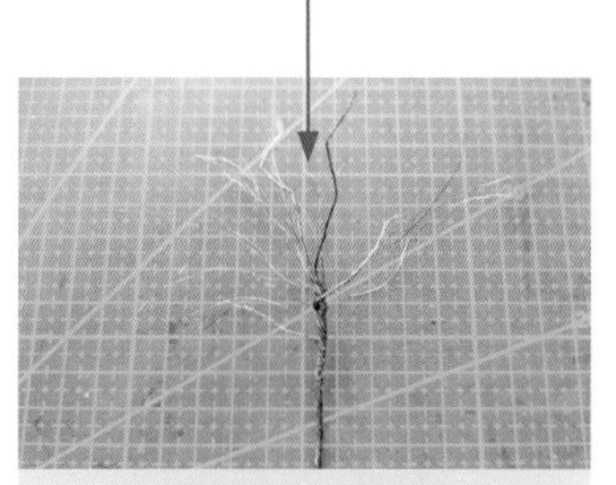

⬆ 整合成树干与树梢形态

将纤维棉展开平整。

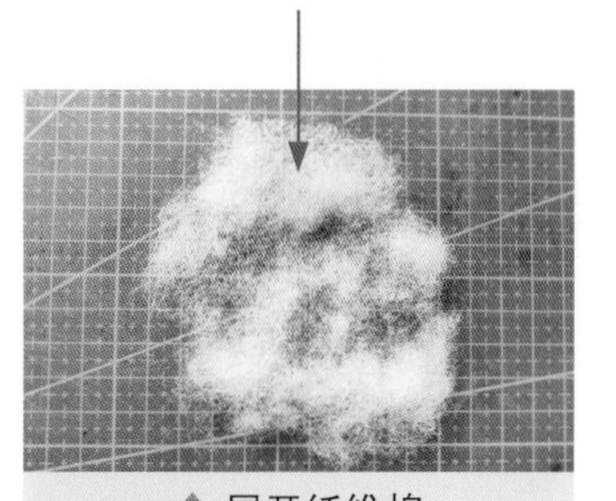

⬆ 展开纤维棉

在纤维棉表面涂抹模型胶后，粘贴至树梢上。

⬆ 粘贴纤维棉

在纤维棉表面喷涂经过稀释后的白乳胶，撒上绿色泡沫树粉。

⬆ 粘贴树粉

完成后可以继续拉扯纤维棉，让树的形态更加丰富、自然。

⬆ 制作完成

4.4.2.3 铁丝树

铁丝选用ϕ1mm 软质铁丝。如果选用钢丝则加工起来比较费力，但是成型后其更挺拔、有力。纤维棉随处可寻，可将废旧抱枕拆开，取出内芯纤维棉后，即可制作。

纤维棉　ϕ1mm 软质铁丝

⬆ 准备材料

将铁丝对折并拧成麻花状。

⬆ 铁丝整形

将树梢部位用钳子拉开，并相互组合，拧成麻花状。

⬆ 钳子加工

插入 KT 板中树立待用。

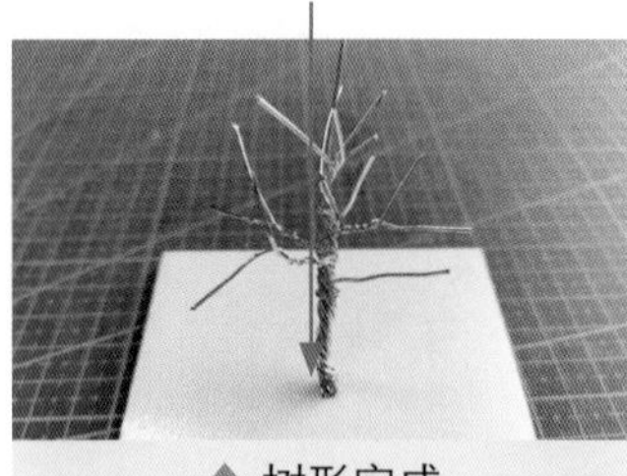

⬆ 树形完成

将纤维棉展开铺平，待用。

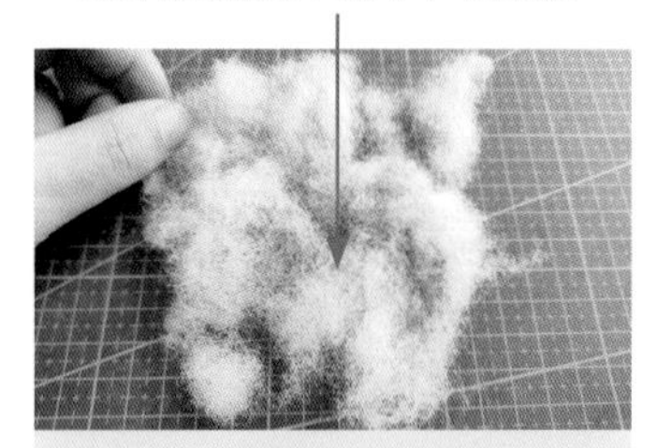

⬆ 展开纤维棉

用棉签将模型胶涂抹到铁丝上。

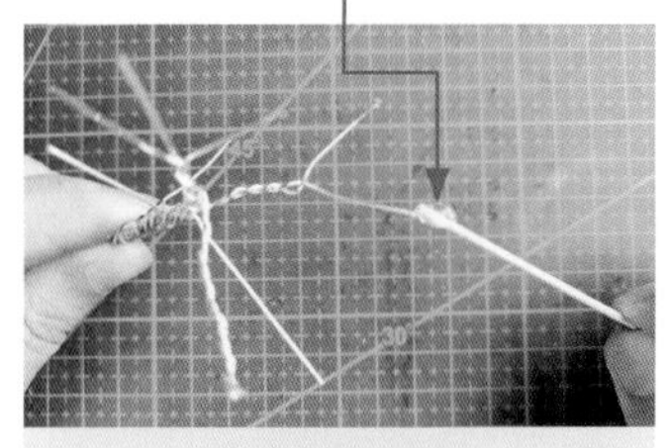

⬆ 涂抹模型胶

将纤维棉均匀缠绕、粘贴到树干上。　仔细修剪成型。

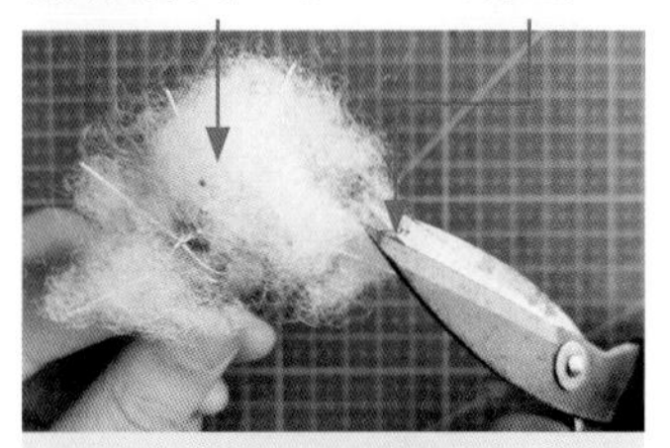

⬆ 纤维棉缠绕树干

将白乳胶加水稀释后，用喷壶喷涂到纤维面表面，均匀撒上泡沫草粉。

⬆ 粘贴泡沫草粉

整体调整后晾干。

⬆ 制作完成

4.5 涂装方法

建筑模型中的涂装方法主要适用于特殊形体构造加工。由于这些模型构件无法购买成品件，需要定制加工，完成后的形体还需要经过精心涂装。建筑模型构件表面多采用丙烯颜料、自动喷漆涂装，再搭配砂纸打磨，可形成比较平整、完善的涂装表面。

4.5.1 涂装基础方法

4.5.1.1 补平喷漆

采用白色丙烯颜料对粗糙的模型构件表面进行涂抹，并用 800# 细砂纸打磨平整，形成光洁、平整的表面，再进行喷涂。

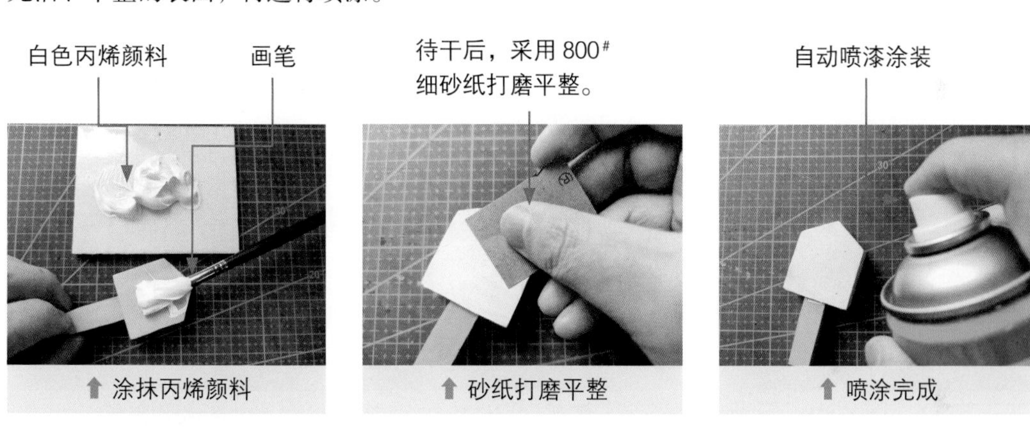

⬆ 涂抹丙烯颜料　⬆ 砂纸打磨平整　⬆ 喷涂完成

4.5.1.2 有色补平

将丙烯颜料调配成所需颜色，加入适量白乳胶与水，稀释后搅拌均匀；对粗糙的模型构件表面进行涂抹，并用 800# 细砂纸打磨平整，形成光洁平整的表面。

将丙烯颜料、白乳胶、适量水，均匀搅拌后涂抹至模型构件表面。

⬆ 调配丙烯颜料

待干后采用 800# 细砂纸打磨平整。

⬆ 砂纸打磨平整

经过 2～3 遍填补、打磨后完成，还可以根据设计需要，勾划出凸凹肌理纹样。

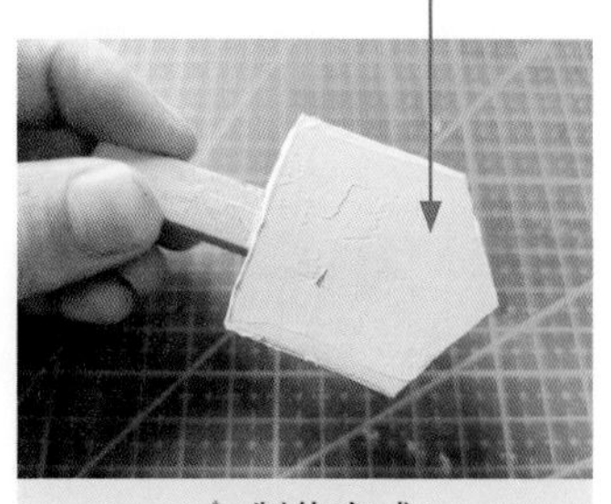

⬆ 制作完成

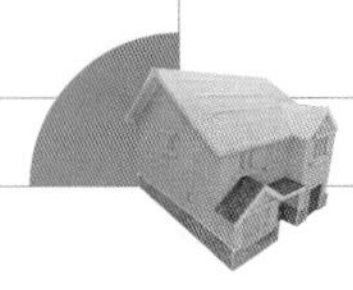

4.5.2 涂装修补方法

采用模型专用补土可修补厚实且特别粗糙的模型构件，常用于制作具有复古或怀旧风格的建筑模型构件；还需在修补的基础上，再进行着色、喷涂、勾划等处理。

补土 A 组分　凹陷体块　补土 B 组分　油画刀

⬆ 修补材料

调和补土 A、B 组分，搅拌均匀。

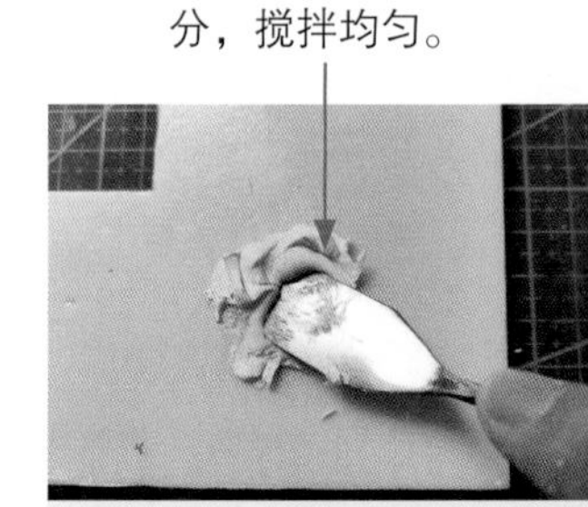

⬆ 搅拌均匀

将调和后的补土，填补至凹陷部位。

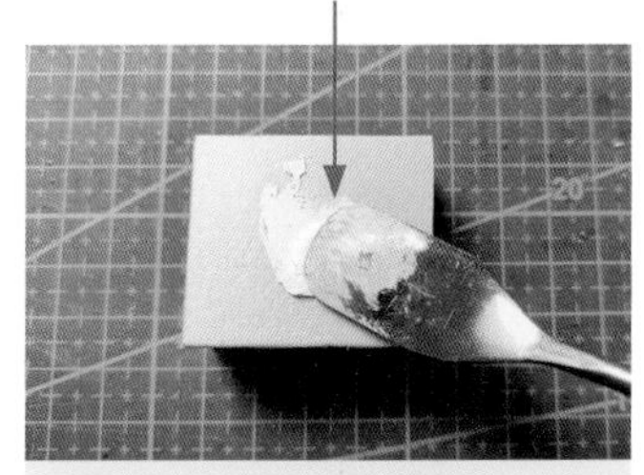

⬆ 修补凹陷部位

待干后采用 800# 细砂纸打磨平整。

⬆ 砂纸打磨

喷涂后再次修补，并再次打磨平整。

⬆ 喷涂后修补

多次修补后待干后成型。

⬆ 制作完成

4.5.3 金属标牌涂装

采用丙烯颜料对金属标牌进行涂装，可使标牌在建筑模型场景中的风格保持一致。单独进行喷涂会显得很单薄，遮盖能力有限；可以采用经过稀释的丙烯颜料涂装后，再进行着色或喷涂处理。

对金属标牌表面进行打磨。

⬆ 砂纸打磨

白色丙烯颜料稀释后进行涂装。

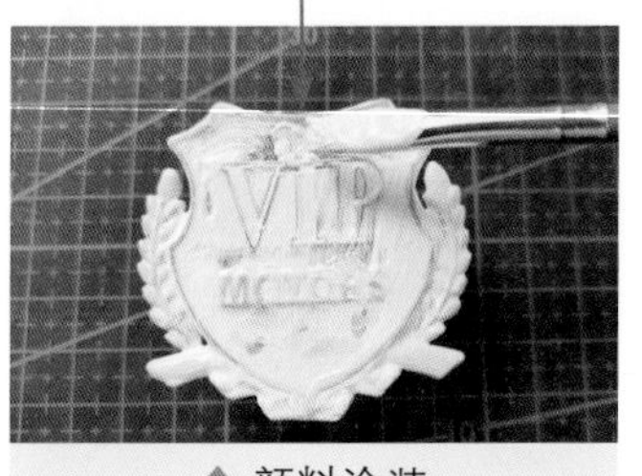

⬆ 颜料涂装

待干后采用砂纸打磨，可根据模型需要采用美工刀压印出纹理。

⬆ 压印划痕纹理

4.5.4 玻璃边缘涂装

由于透明亚克力板无任何色相倾向，为表现建筑模型中的绿色玻璃，应当在透明亚克力板较厚的边缘着色，使光线透过侧面，达到影响表面效果的目的。

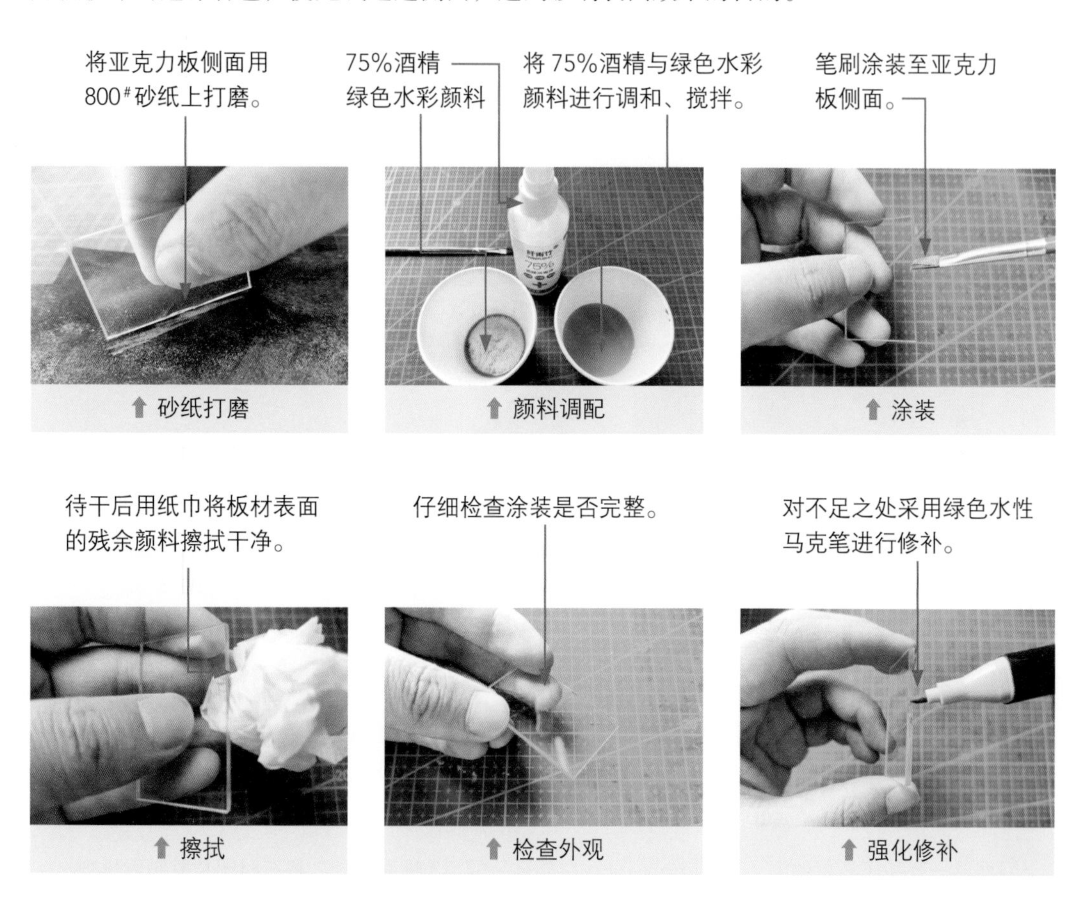

将亚克力板侧面用800#砂纸上打磨。
75%酒精
绿色水彩颜料
将75%酒精与绿色水彩颜料进行调和、搅拌。
笔刷涂装至亚克力板侧面。
⬆ 砂纸打磨
⬆ 颜料调配
⬆ 涂装
待干后用纸巾将板材表面的残余颜料擦拭干净。
仔细检查涂装是否完整。
对不足之处采用绿色水性马克笔进行修补。
⬆ 擦拭
⬆ 检查外观
⬆ 强化修补

4.6 纹理饰面贴纸制作方法

建筑模型中的复杂纹理需要图片进行表现。这些图片可以购买成品贴纸，也可以通过计算机绘图软件绘制后再打印；将这些纸质图片粘贴到模型构件上，可形成比较真实的装饰效果，适用于精致的商业展示模型制作。

4.6.1 木地板成品贴纸制作

木地板纹理细腻，可以根据需要购买成品装饰纸；再将纸张裁切后逐一粘贴到板材上，形成比较真实的地板缝隙与纹理。

直尺　中性笔　KT板

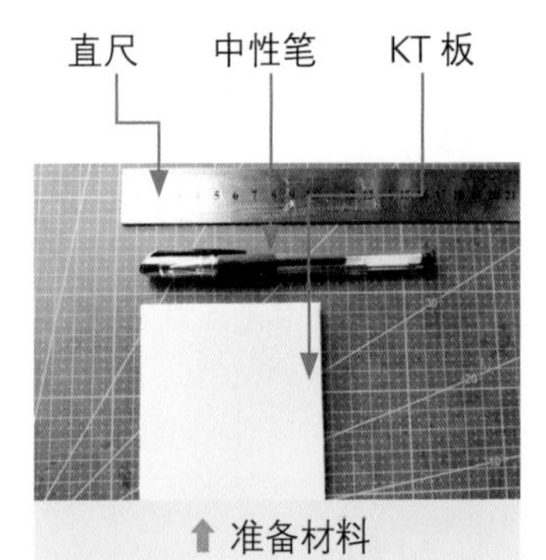

准备材料

采用直尺与中性笔在KT板上绘制地板轮廓。

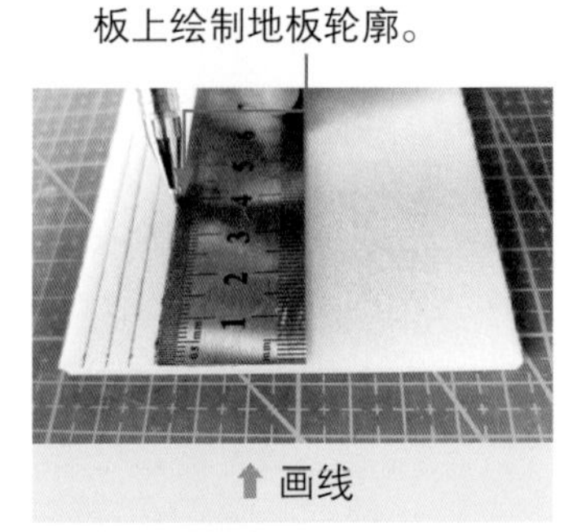

画线

将成品地板装饰纸裁切成条形展开。

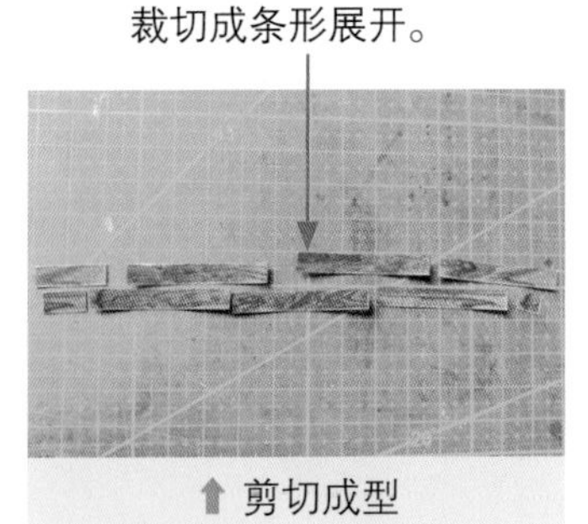

剪切成型

采用模型胶与棉签将装饰纸逐一粘贴到KT板上。

逐一粘贴

将KT板翻面后，采用美工刀裁切整齐。

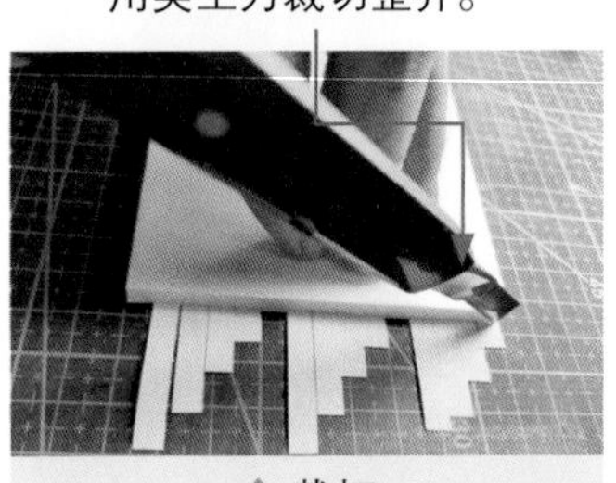

裁切

完成后还可以采用800#细砂纸将表面打磨，做旧。

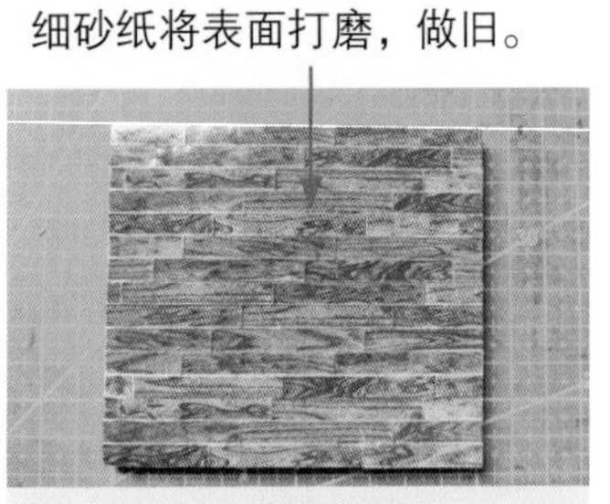

制作完成

4.6.2　图形贴纸打印制作

由于不易直接买到满足要求的图形纹理装饰贴纸，因此对纹理、图样、比例有更高要求的建筑模型，还需要自行设计与绘制图形贴纸。下面以Photoshop软件操作为例，介绍图形贴纸的制作方法。

上网搜寻一张关于石材的图片，用Photoshop打开。

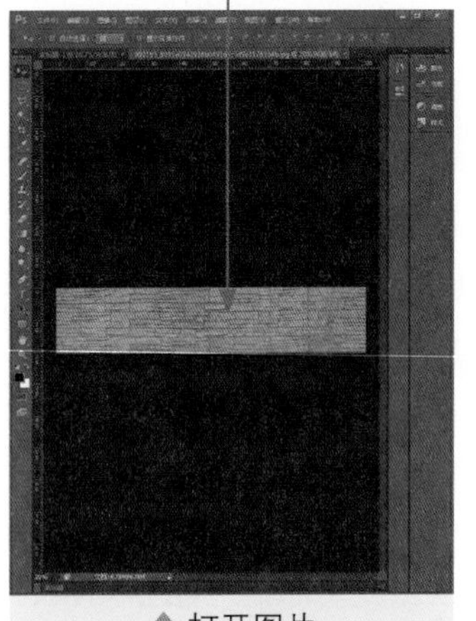

打开图片

在Photoshop中新建一幅A3幅面空白文件，设置精度为300dpi，将石材图片置入该空白文件中。

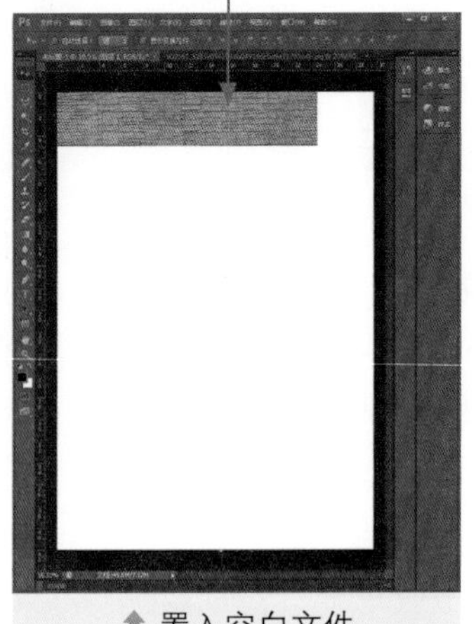

置入空白文件

将石材图片复制后排列整齐，铺满整个画面。

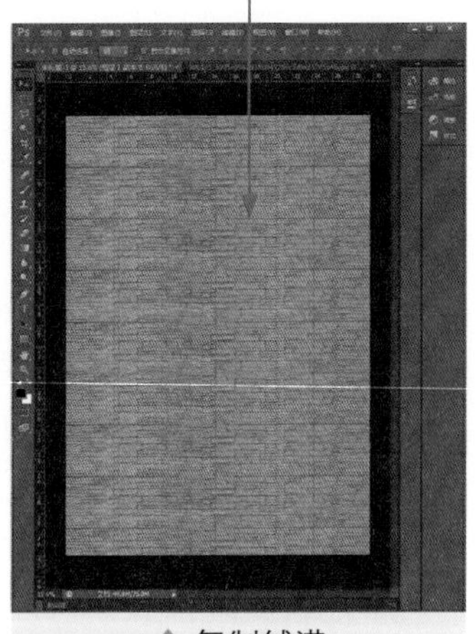

复制铺满

将图片文件输出打印到纸张上。

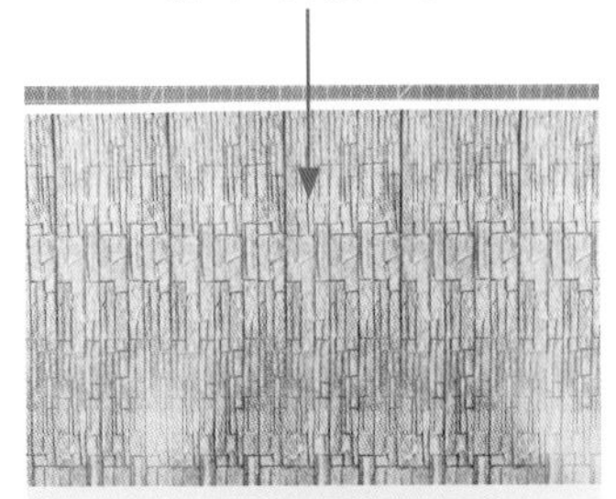

⬆ 打印输出

根据模型板块需要进行裁切。

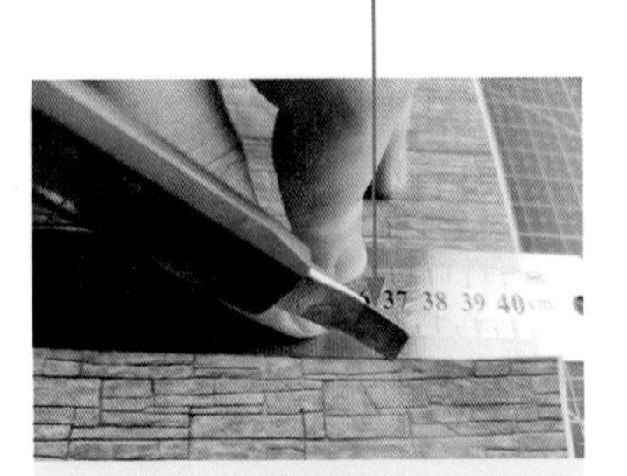

⬆ 裁切

采用双面胶粘贴至KT板或PVC板上。

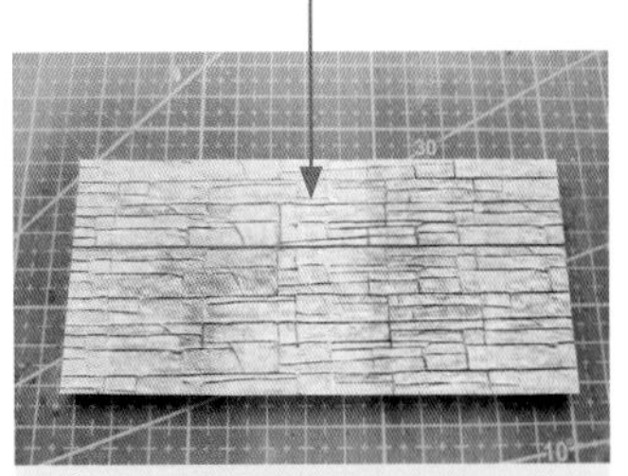

⬆ 石料贴纸制作完成

根据模型设计需要，在Photoshop中制作相关图形，注意对比层次关系。

⬆ 大理石贴纸

砖墙大小要根据模型比例设定。

⬆ 砖墙贴纸

水泥板贴纸形态大小应当根据设计尺寸制作。

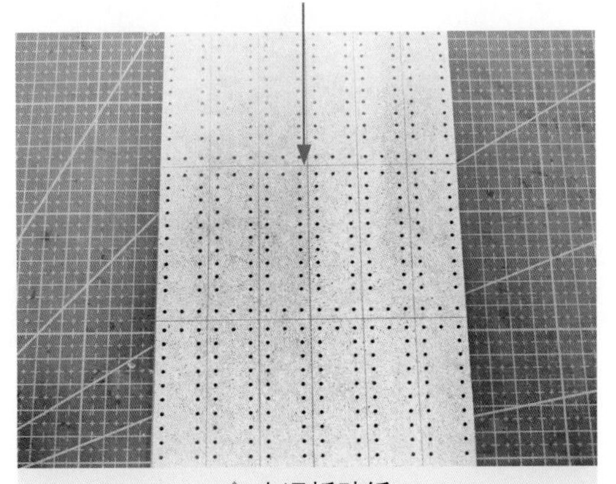

⬆ 水泥板贴纸

裁切一块白色抹布。
打印图样采用模型胶粘贴在抹布上。

⬆ 地毯贴纸

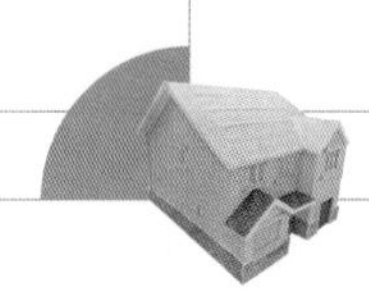

4.7 绿化制作方法

建筑模型中会用到很多绿化构件，本节详细介绍几种简单、高效的绿化构件制作方法，供建筑模型制作时批量加工使用；所用材料简单廉价，能降低建筑模型制作成本。

4.7.1 花卉灌木制作

4.7.1.1 石楠制作

采用海绵为基础材料，将红、绿色自动喷漆喷涂至海绵表面，经过碾压成碎末后，粘贴在海绵体块上完成制作。

海绵切割成型后喷涂红色自动喷漆。

⬆ 海绵喷漆

将红色海绵碾压成碎末，或用剪刀剪成碎末，可进行多次喷涂和碾末。

⬆ 碾压成碎末

海绵切割成型后喷涂绿色自动喷漆，并涂装模型胶。

⬆ 涂抹模型胶

将红色碎末撒在涂有模型胶的绿色海绵上端。

⬆ 粘贴碎末

完成后晾干，根据需要补胶、补贴。

⬆ 制作完成

4.7.1.2 杜鹃花制作

购买成品彩色泡沫粉能轻松制作出花卉灌木，彩色泡沫粉质地均匀细腻，粘贴牢固度更高，适用于多种绿化植物、花卉制作。

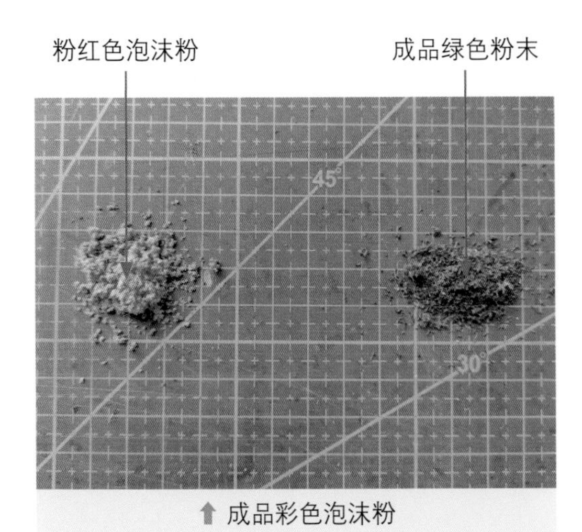

成品绿色粉末

⬆ 成品彩色泡沫粉

涂抹模型胶　圆形泡沫球体

⬆ 球体粘贴绿色泡沫粉

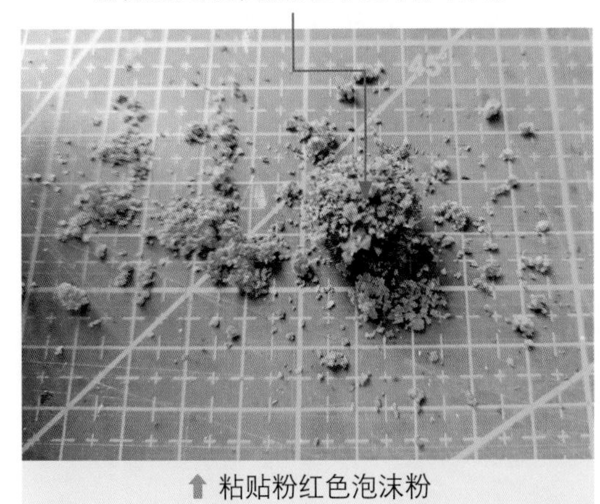

将粉红色泡沫粉撒在绿色球体表面。

⬆ 粘贴粉红色泡沫粉

⬆ 制作完成

4.7.1.3 草坪灌木组合制作

草坪与灌木相互组合能形成建筑模型室外布景，制作方法多样；主要通过分层粘贴后组合而成，可以选用部分成品件与部分自制件相结合，形式多样。

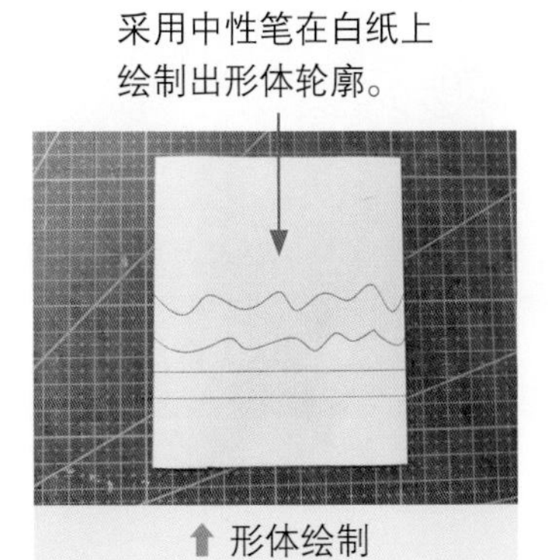

采用中性笔在白纸上
绘制出形体轮廓。

⬆ 形体绘制

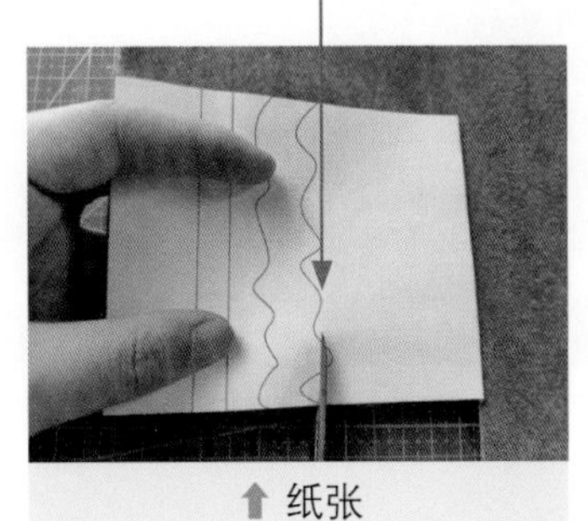

沿着轮廓剪切。

⬆ 纸张

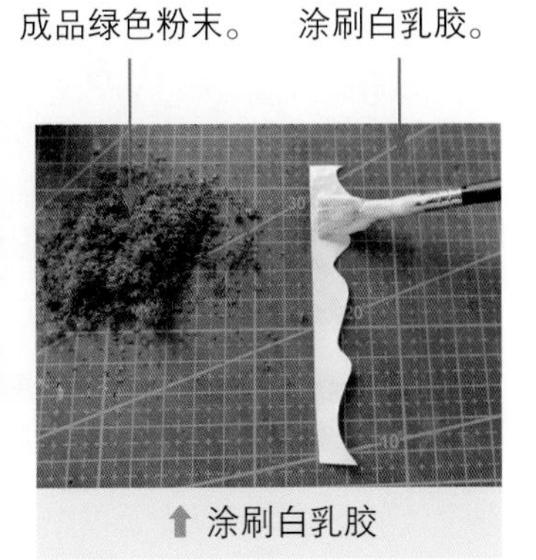

成品绿色粉末。
⬆ 涂刷白乳胶

绿色粉末为购置的成品材料，将其铺撒在涂胶纸片上。
⬆ 粘贴绿色粉末

成品草坪纸
将制作好的粉末纸片粘贴到中央。
⬆ 铺装整齐

搭配各种成品绿化构件，或自行制作多种绿化构件。
⬆ 搭配其他成品绿化件

4.7.2 乔木制作

4.7.2.1 满天星树木制作

满天星是能直接购买到的干花品种，将其展开后粘贴绿色泡沫粉，就能快速制作出绿化乔木。

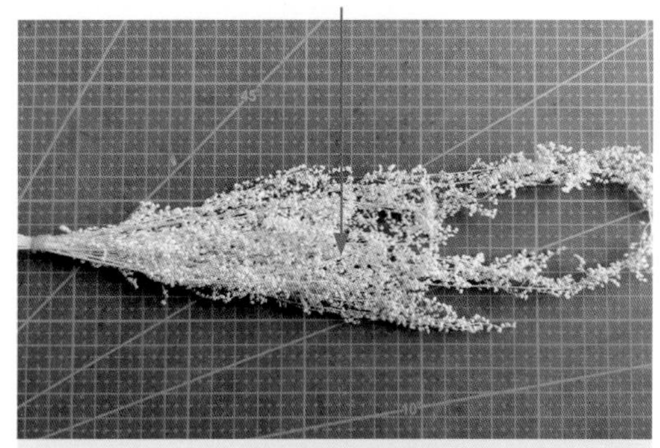
满天星干花成品
⬆ 满天星干花成品

修剪成型
⬆ 展开分叉

喷涂稀释白乳胶后，播撒绿色泡沫粉。
⬆ 粘贴绿色泡沫粉

完成后晾干，根据需要补胶、补贴。
⬆ 制作完成

4.7.2.2 钢丝绒树木制作

钢丝绒是日常保洁擦除用品，比钢丝球更细，由钢丝密集缠绕组成，具有固化成型的特性；将其包裹在牙签或木杆上，可为粘贴各种泡沫粉或其他粉末提供方便。

将钢丝绒按平均量分离，展开。

⬆ 展开

采用剪刀修剪。

⬆ 整形剪切

粘贴至牙签或木杆上，再次修整成型。

⬆ 粘贴至木杆上

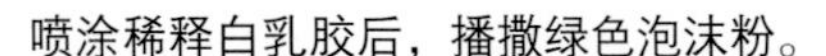

喷涂稀释白乳胶后，播撒绿色泡沫粉。

⬆ 粘贴绿色泡沫粉

完成后晾干，根据需要补胶、补贴。

⬆ 制作完成

4.7.2.3 减震泡树木制作

减震泡棉主要用于物品的包装，起到缓冲和保护作用，现在可被用于制作建筑模型中的树木。

采用美工刀裁切减震泡棉。

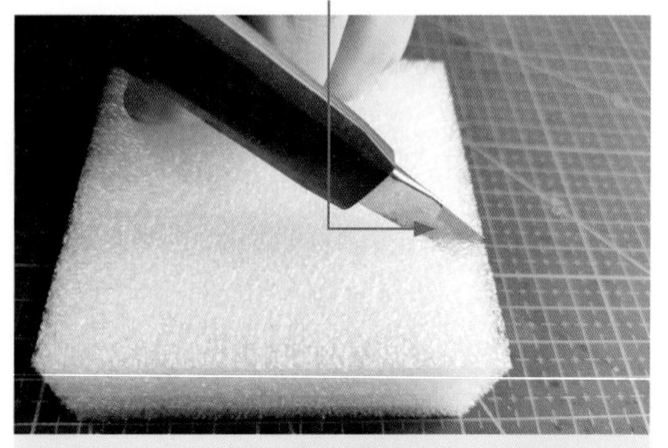

⬆ 裁切减震泡棉

采用剪刀仔细修剪乔木的形态。

⬆ 修剪成型

喷涂稀释白乳胶后，播撒绿色泡沫粉。

⬆ 粘贴绿色泡沫粉

完成后晾干，根据需要补胶、补贴。

⬆ 制作完成

4.7.2.4 纸张剪贴树木制作

采用纸张绘制图形后，剪切阔叶树形态，也是简单实用的树木制作方法；树干也可以采用同色纸张缠绕、粘贴至细塑料杆表面，达到统一的视觉效果。

纸张　绘制图形　铅笔

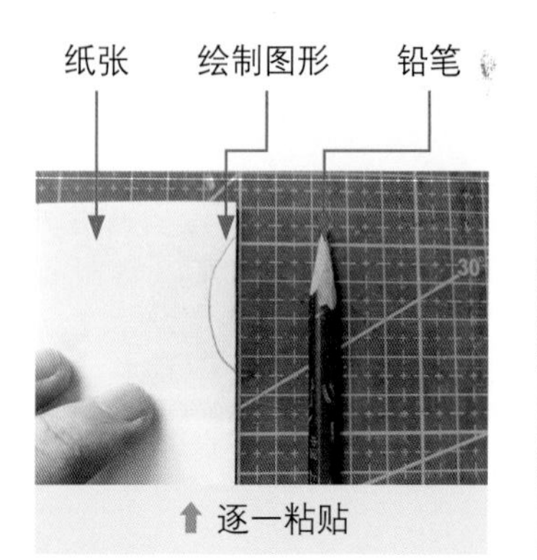

⬆ 逐一粘贴

根据设计要求，仔细剪切树叶形态。

⬆ 裁切

采用模型胶将树叶粘贴至细塑料杆上。

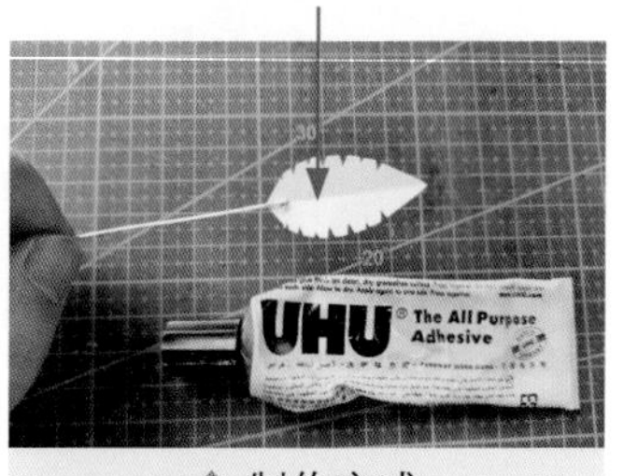

⬆ 制作完成

采用纸条缠绕在麻花状细塑料杆上，并粘贴紧凑。

⬆ 逐一粘贴

完成后晾干，根据需要补胶、补贴，并整理好树叶的形态。

⬆ 制作完成

本章小结

建筑模型构件的制作方法非常多，应当根据设计要求选择制作材料与方法。在大多数情况下，可购买成品构件直接粘贴。但是，在大型建筑模型中因对配件的需求量很大，为了降低制作成本，必须采用手工制作。通过本章内容，读者能掌握一系列高效、基础的建筑模型制作方法；希望读者在学习、工作中对上述方法反复练习，掌握熟练的操作技巧，建立丰富的模型材料搭配经验，为后期正式的模型制作打好基础。

第 5 章

建筑模型
深化制作实战详解

识读难度 ★★★★☆

重点概念 材料选择、比例、切割、钻孔、连接、装饰、电路、拍摄与留存

章节导读 建筑模型制作更注重对细节的塑造，我们需要熟读与建筑模型相关的设计图纸，并了解清楚制作材料的特性，理清建筑模型中各元素之间的比例关系和空间透视关系，并利用精湛的制作技能，才能完整且艺术性地呈现有特色的建筑模型。这需要制作者具有耐心和高超的专业素养，同时还要熟练运用各种设备和工具来提高制作精度，提升模型品质。

⬆ 建筑模型打码机

⬅ 各类建筑模型制作设备非常多。打码机是一种快速打印设备，可在已经制作出立体构造的模型构件上打印出简单的文字、图案。该设备适用于建筑外墙、标识构造的小面积文字打印，如建筑模型楼栋编号、门牌号、指示路牌等。

5.1 建筑模型材料选择

合适的材料能赋予建筑模型更强的表现力，选择材料时要根据建筑模型制作环境和制作目的进行选择。

5.1.1 根据制作环境选择材料

不同材料决定了不同制作工艺，在制作之初，要根据建筑模型的制作环境来选择合适的制作材料，从而确定应当采用何种制作工艺。

5.1.1.1 手工切割环境

在手工切割环境下，可以选择质地较薄的软质材料，如普通纸质材料、木质材料、塑料薄板、棒材等。这类材料可通过手工工具加工，从而获得所需的零部件。如果要利用这类材料创造支撑性较强的构件，则可以将该类材料多层叠加；或在材料之中添加夹层，以此达到提高构件硬度的目的。

（a）色卡纸

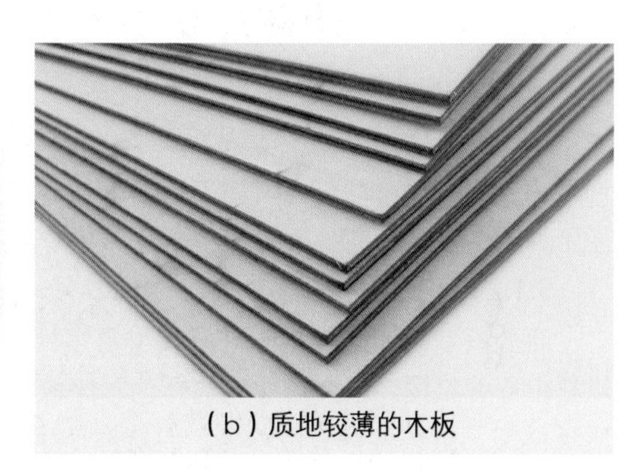

（b）质地较薄的木板

手工切割环境下的材料

a：色卡纸与薄板价格较低，能用美工刀裁切，采用模型胶粘贴，简单、快速。
b：薄的木板厚度多为1～2mm，采用勾刀裁切。

小贴士

数控切割

数控切割主要用于模型材料的计算机辅助加工。在使用数控切割机之前，要提前在专业绘图软件上绘制好切割材料线型图，整理并确认无误后便可将绘制好的图形文件传输给数控机床。选择好合适的刀具，即可开始切割工作。切割时应当严格控制输出比例，让图形大小与模型板材大小相匹配，才能得到正确的切割构件。

5.1.1.2 机械切割环境

在机械切割环境下，可以选择硬度较高的木板、ABS材质板材、PVC板等制作建筑模型，可使用切割机切割材料。

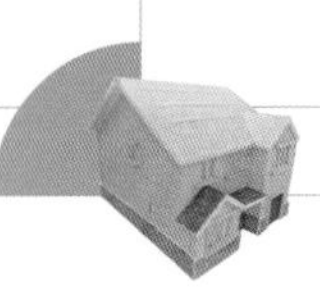

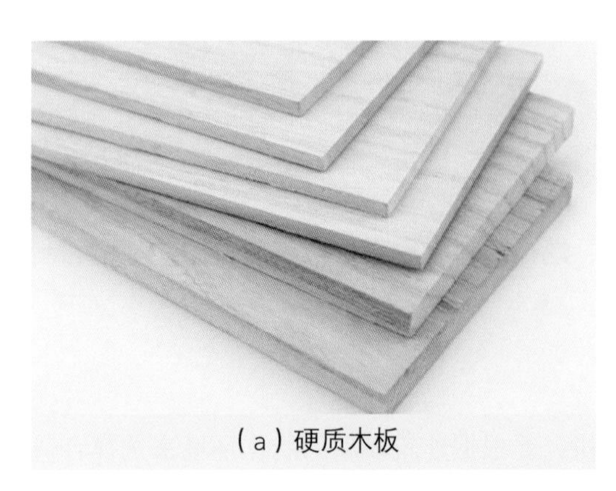

（a）硬质木板

（b）ABS 材质厚板材

⬆ 机械切割环境下的材料

a：硬质木板必须采用机械切割，才能提升建筑模型的精细品质。
b：较厚的 ABS 材质板材，应当选用数控切割机或雕刻机切割。

5.1.2　根据制作目的选择材料

不同质地、色彩、肌理等的材料，所营造的氛围也会有所不同，应当选择不同的制作材料。

5.1.2.1 概念研究模型

概念研究模型是为了表现创新思想，凸显建筑与环境之间的空间关系。这类模型多会选用色彩比较单一的材料，如单色厚纸板、单色 PS 板、白色 PVC 发泡板等，材质轻薄，便于加工，能轻易加工出多种造型。

5.1.2.2 商业展示模型

商业展示模型是为了表现建筑丰富多变的色彩、灯光、肌理和相关配饰等内容，同时烘托出商业氛围。这类模型应选择色彩比较丰富的成品型材，如有机玻璃板、压纹 ABS 材质板材等。虽然材料价格较高，但能够产生比较真实、华丽的视觉效果，为商家带来较高的经济收益。

⬆ 概念模型制作的 PVC 发泡板

⬆ 商业模型中用于展示水面制作的有机玻璃板

5.2 按比例缩放尺寸

在制作建筑模型的过程中，要正确选择缩放比例，从宏观和微观上同步考虑模型比例。在确定模型的整体形态、结构后，既要规范好设计内部细节，还要规范好相关配饰场景细节。不可在同一建筑模型中出现多种不同比例，这样会影响建筑物与周边环境和配景之间的关系，最终影响呈现效果。

5.2.1 比例适用范围

（1）（1：50000）～（1：2000）

这种比例适用于城市规划模型、街区鸟瞰模型等的设计图纸，图纸中可以适当简化现实元素，从宏观角度展示设计特色。

（2）（1：2000）～（1：500）

这种比例适用于绘制商业街区或住宅社区模型的设计图纸，能很好地表现出整片区域建筑的立体形态，同时也能强调建筑周边环境的协调性。

（3）（1：500）～（1：200）

这种比例适用于制作大建筑模型，可以直接将建筑设计图纸中的平面图、剖面图和立面图转化成建筑模型。该模型既能表现出建筑结构的具体形态，也能表现出建筑整体与不同架空层之间的透视关系，对后期建筑的细节设计有很大帮助。

（4）（1：200）～（1：100）

这种比例适用于研究体积比较大的建筑模型中的细节与构造组件的特点，同时也能帮助设计师研究、分析建筑布局，进一步处理好建筑模型中各类元素之间的关系。

（5）（1：100）～（1：50）

这种比例适用于单独表现建筑模型内部构造的细节特点。

（6）（1：50）～（1：10）

这种比例适用于建筑模型中需要重点表现的细节部位或细节构造。

（7）（1：10）～（1：1）

这种比例适用于重点说明建筑模型中零部件的组装形式，也可用于表现实际尺寸较小的单体建筑。

小贴士

建筑模型设计制作员

建筑模型制作人员的工作是熟读建筑模型设计图纸，分析并理解建筑师的设计思想和设计意图，然后选择合适的材料进行加工。在模型制作过程中，要富有耐心，具备严谨的工作态度，注意保证模型缩放比例的正确性。

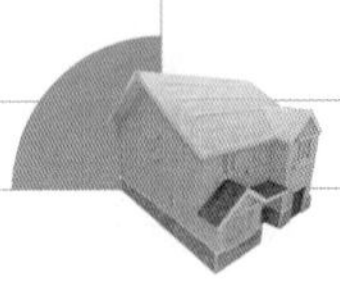

小贴士

建筑模型设计制作员

目前在我国，从事建筑模型制作的人员高达上百万。其中，很多模型制作人员是从事实物建筑模型制作，具体工作人数高达 50 万以上。在这些人员中，约 70%的专业制作人员就职于各类模型制作公司。

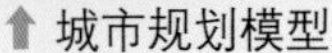

⬆ 城市规划模型

⬆ 商业街区模型

左：比例为 1∶50000 适用于城市区域规划模型，模型中的建筑构造没有必要表现门窗，甚至会将多个小型建筑融合为一体。

右：比例为 1∶200 适用于商业地产模型，能轻松安装灯具，同时各种植物配景可以购买到成品件，提高模型的制作效率。

5.2.2 影响模型比例的因素

合适的比例才能创造良好的视觉效果，应当从建筑模型的表现规模、材料特性、细节程度等因素来决定选择哪一种比例。

5.2.2.1 表现规模

建筑模型的表现规模是指建筑模型所具有的不同的预期体积，模型的规模大小主要受到制作技术、制作资金、制作场地等多方面限制。在制作建筑模型之前，为了确保能够获得比较合理的制作比例，应当提前确定好模型体积范围，并以此作为比例选择的参考。

5.2.2.2 材料特性

建筑模型制作材料有不同的特性，这些特性对比例的选择有着一定影响。

（1）材料因厚度不同而支撑强度不同，可用于不同比例的建筑模型；对于大体积建筑模型而言，可以通过叠加材料以提高模型结构支撑力。

（2）质地较软的材料具有比较强的弯曲能力，能够进行压缩和深加工，适用于体积较小的建筑模型。

（3）材料呈现形式对于模型比例也有影响。通常 PS 板材（或块材）能够通过切割机加工成模型所需的各种形体，可满足各种不同的制作要求，适用于比例为 1∶2000 以上的建筑规划模型；而硬质板材却很难轻易加工成模型所需的形体。

⬆ 规模较大的住宅模型（比例为 1：1000）

⬆ 建筑模型叠加双层板材（比例为 1：100；李珊珊）

左：当规模较大时，应当考虑选用较大比例制作；同时，还要严格控制细节，可采用 3D 打印或 ABS 材质雕刻机制作建筑门窗。

右：如果选择木质薄板，则加工性能较弱；虽然选用了双层叠加，但是对细节的把控也很难深入。

5.2.2.3 细节程度

建筑模型所要表现的细节程度不同，所选择的比例也会有所不同。

（1）单体建筑较多时，所选用的比例会设定较高，所展示的单体建筑体积相应也会较小；建筑细节部位相对而言，不必绘制太详细。

（2）重点表现单体建筑物时，选用的比例会设定较低，所展示的建筑模型体积则会较大；建筑的细部构造也会制作得比较详细。

（3）如果部分建筑模型需用杆状形体，则要根据模型细节的深化程度来决定如何设定比例值。

（4）选择建筑模型比例时，还要考虑模型内家具、树木、车辆、人物等配饰的展示效果。

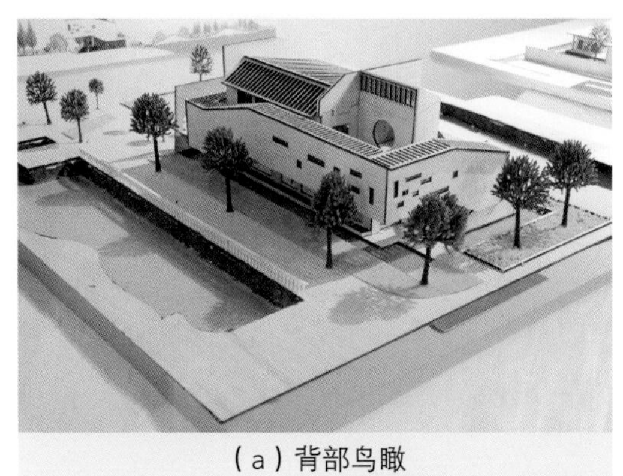

（a）背部鸟瞰

（b）正面

⬆ 建筑模型中的景观配饰（比例为 1：100；张博）

a：建筑模型主体结构的细节表现与周边环境应当保持一致，木质单板经过机械雕刻组装完成后，可根据建筑造型细节来添加配景。

b：建筑模型比例设定后，要根据模型比例选购、制作比例相同的配件，如栏杆、太阳伞、户外家具、树木等，形成统一的视觉效果。

5.3 定位切割

在第 4 章内容中，已经介绍了几种简单模型材料的切割方法。在熟悉基本操作后，以下需要根据设计图纸精确绘制模型轮廓参考线，再进行切割；绘制图线时，可借助直尺、三角尺等工具。

5.3.1 分析图纸后再定位

在定位之前，要分析建筑模型的设计图纸，再将其拓印或复制至模型制作材料上。由于制作建筑模型的材料种类比较丰富，呈现形态也比较丰富，有梯形、矩形、正方形等。因此，在定位时要明确切割位置，所绘制的切割轮廓线要与型材的边缘间隔 10mm 左右，要充分考虑切割损耗空间。

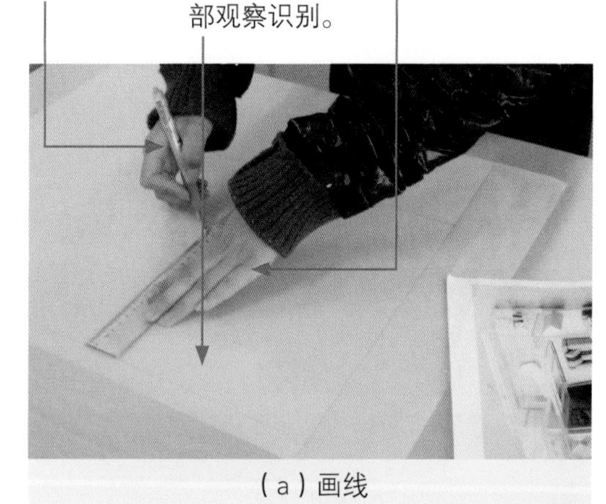

用自动铅笔绘制轮廓。
初稿可采用硫酸纸，透过底部观察识别。
用力按压直尺，防止发生偏移。

（a）画线

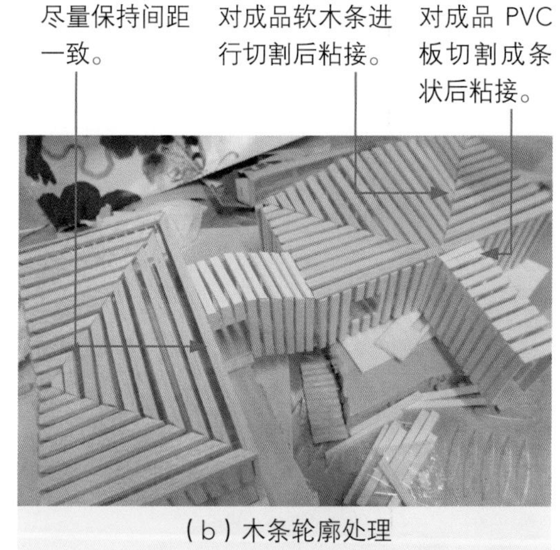

尽量保持间距一致。
对成品软木条进行切割后粘接。
对成品 PVC 板切割成条状后粘接。

（b）木条轮廓处理

⬆ 建筑模型定位

5.3.2 根据材料质地选择切割方式

切割建筑模型材料时需要制作者具有比较强的耐心、静心和细心。在切割之前，必须明确不同的材料有着不同的质地，所选择的切割方式也会有所不同。常用的切割方式包括手工裁切、手工锯切、机械切割以及数控切割等几种。

5.3.2.1 手工裁切

手工裁切主要依靠裁纸刀、勾刀等刀具切割建筑模型材料，在裁切时还会选用直尺、三角板等进行辅助。这种切割方式可用于切割各种纸质材料、塑料及质地较薄的木片。

裁切质地较薄的纸材和透明胶片时可选择小裁纸刀；质地较硬的硬质纸板、聚苯乙烯

（PS）板、PVC 板等可选择大裁纸刀。切割时，要注意手部安全；要掌握好裁切的速度和力度，裁切角度也要控制好。对于质地较硬的材料可多次裁切。

无论是裁切质地较软或是质地较硬的材料，均应根据材料表面的纹理进行切割。切割时，要稳定好材料；要确保刀具时刻保持在锋利的状态中；一次裁切好的材料尺寸范围也要提前确定好，应能根据设计图纸做好相应的裁切规划。

勾刀对板材的切割力度很大，不必太用力。

勾刀主要裁切硬质塑料板。

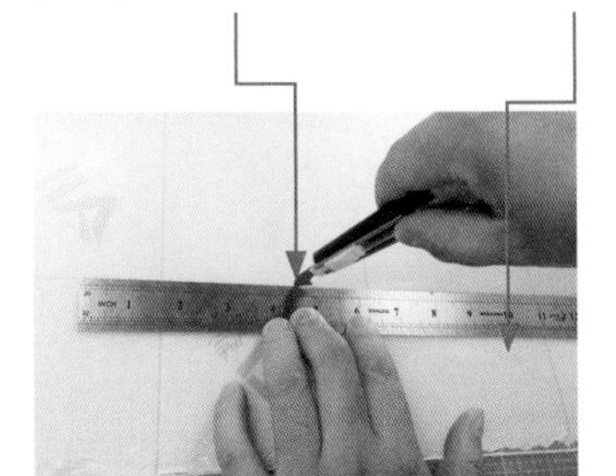

手工裁切塑料薄膜

裁切薄木板时可以将刀片倾斜，不必施加太大压力就能形成较深的裁切痕迹。

手工裁切薄木板

顺着裁切边缘能将板料轻松掰开，边缘整齐。

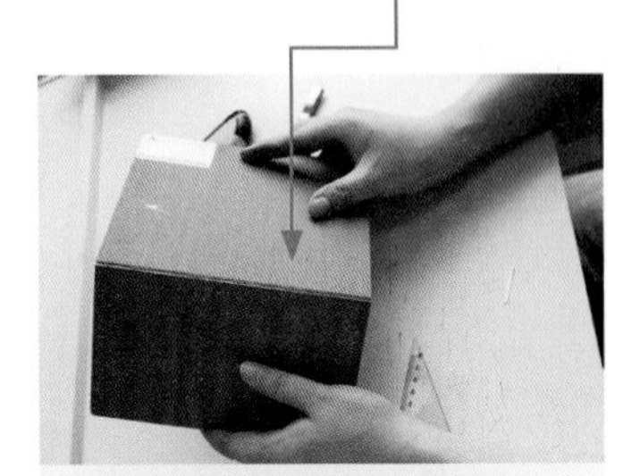

手工掰开薄木板

裁切硬质材料时倾斜角度较大，可通过刀片头端角来提升压力。

裁切硬质材料时要时刻保持刀片头端尖锐。

45°

台板

硬质材料

（a）裁切硬质材料

裁切软质材料时倾斜角度较小，推进速度缓慢。

裁切软质材料主要是通过刀刃长度的锋利程度来分离材料。

30°

台板

软质材料

（b）裁切软质材料

美工刀裁切角度

5.3.2.2 手工锯切

手工锯切主要是用手工锯锯切一些质地比较坚硬的材料。比较常见的手工锯切工具包括木工锯和钢锯。其中，木工锯锯齿比较大，可用于锯切木芯板、纤维板及实木板等板材；钢锯锯齿比较小，可用于锯切塑料、金属等型材。

在手工锯切材料之前要精准定位，应预留出合适的损耗空间。一般木材的损耗宽度为 1.5～2mm，金属和塑料的损耗宽度为 1mm。锯切时要固定好材料，要控制好锯切速度和力度，针对不同厚度的材料，选择不同的锯切幅度；材料锯切完成后，要记得做好锯切面打磨。

单手锯切木质棒材

脚踩板材并锯切

左：软质木料选用小型手工锯，锯切速度缓慢，可防止型材劈裂或产生毛边。
右：硬质木料选用中大型手工锯，锯切速度快且有力，能提高锯切效率。

5.3.2.3 机械切割

机械切割主要是利用电动机械切割建筑模型材料。常见的机械切割工具包括曲线切割机和多功能切割机。曲线切割机可用于任意形态的曲线切割，使用频率比较高，多用于切割木质板材、厚 ABS 材质块材等。多功能切割机可用于直线切割，主要是使用高速运转的锯条切割模型材料；可用于切割塑料、金属及木材等材料。

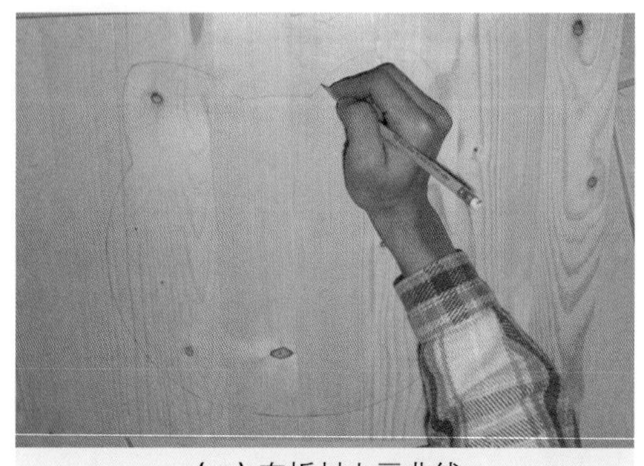
（a）在板材上画曲线

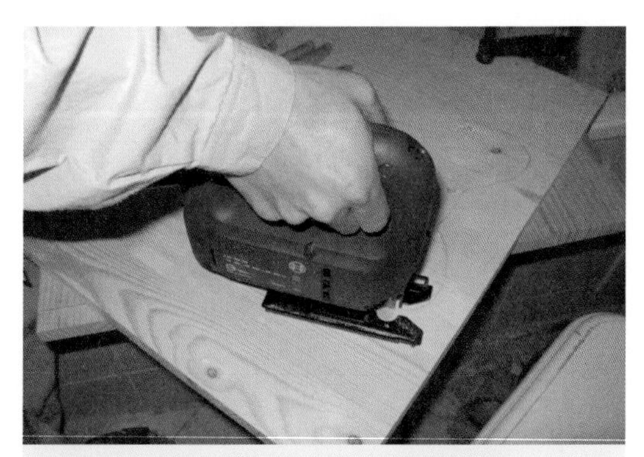
（b）使用切割机沿轮廓切割

机械曲线切割

a：采用硬质铅笔在板材上画线，避免线条过粗和过于明显，影响切割的准确度。
b：曲线切割机运行速度要缓慢，时刻检查切割轨迹是否偏离轮廓线。

5.4 准确开槽钻孔

开槽钻孔是建筑模型制作中比较重要的一项加工技能，它能辅助模型材料的切割，能够满足不同程度的制作需求。

5.4.1 不同材料的开槽方式

开槽是指在建筑模型材料的外表面开设内凹的槽口，它主要起到辅助模型材料切割、辅助模型安装、加深装饰效果等作用。

建筑模型制作中常见槽口的开设形式主要有 V 形、不规则形、半圆形以及方形等几种；KT 板、PVC 板、厚纸板等轻质型材可开 V 形槽口或方形槽口。

5.4.1.1 KT 板开槽

KT 板上开槽时，首先应当根据设计图纸在模型材料表面绘制需要开槽的轮廓，并绘制相应的参考线。注意预留出开槽损耗的空间，绘制时还需注意一条内凹槽要绘制两条平行线，且这条平行线之间的距离应当控制在 5mm 以内。

参考线绘制完毕即可使用相应的工具开始开槽工作。质地较薄的 KT 板可使用裁纸刀剪裁，可先沿内侧的轮廓线切割板材，然后再向外侧划切。注意这两次划切时均应保持匀速，下刀力度及落刀深度均应保持一致；划痕端口尽量不要交错，以免划切不当，造成 KT 板被划穿。开槽完成的 V 形槽，可用来制作建筑模型的转角部位。

5.4.1.2 其他类硬质材料开槽

其他质地较硬的材料可使用切割机作辅助开槽，也可使用槽切机床设备对其进行开槽。在使用切割机切割硬质材料表面之前，要提前确定好开槽的相关尺寸；要有耐心地慢慢推进材料，还要做好基础性安全防护工作，以免开槽时产生的碎屑飞入眼中。

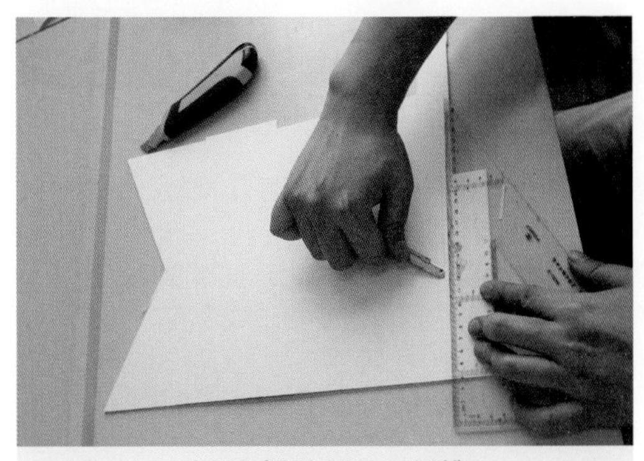

⬆ KT 板手工开 V 形槽

⬆ 使用机械切割机为纤维板开 U 形槽

左：美工刀在 KT 板上的切入角度不必太准确，角度为 30° ~ 60° 均能得到 V 形槽。
右：小型台式切割机功率较小；推入板材的速度要缓慢，避免因速度过快产生偏移。

5.4.2 根据设计选择孔径尺寸

钻孔时通常会使用钻孔工具如打孔钳和钻孔机来进行模型材料的加工工作，应根据设计需要选择合适的孔径尺寸。

5.4.2.1 钻孔工具

（1）打孔钳。其具有较多规格的孔洞形状，可满足建筑模型制作的各种需求。打孔钳常见的孔洞包括方形、圆形及多边形等。这类孔洞可用于电路照明、构造连接和穿插杆件等，同时也可用作建筑外部的门窗装饰。

（2）钻孔机。这种机械设备能够有效提高建筑模型制作的工作效率，主要可用于质地较硬的型材表面钻孔；不适于质地较软的板材、棒材或块材表面的钻孔工作。在使用钻孔机钻孔时，要控制好施工速度，要做好基础性安全防护工作。

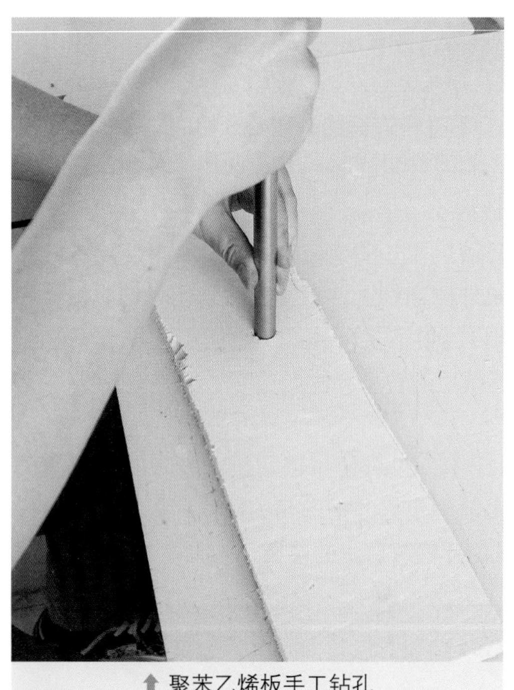
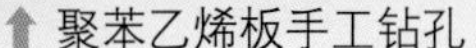

⬆ 聚苯乙烯板手工钻孔

⬆ 纤维板机械钻孔

左：采用 1000#砂纸对不锈钢管的管口进行细致打磨，使其变得锋利；在板材上手工旋转，形成对应规格的孔洞。

右：机械钻孔效率很高。提高钻孔质量的关键在于精准定位，可以预先做好标记，钻出浅槽，确认无误后再全部钻入。操作时，不可戴手套，以免手套被钻头绞入孔洞，对手指造成伤害。

5.4.2.2 孔径尺寸

在建筑模型制作过程中，更多会用到圆孔和方孔。常见孔洞根据规格的不同，可分为微孔、小孔、中孔、大孔等几种。

（1）微孔。其指直径或边长在 1 ~ 2mm 之间的孔洞，微孔主要是通过使用比较尖锐的针锥钻凿型材所得。施工时，要确保钻凿所得的孔洞可以直接凿穿。

（2）小孔。其指直径或边长在 3～5mm 之间的孔洞。小孔的获得主要是先使用钻锥凿孔洞周边，然后再打通孔洞中央。注意完成钻孔后，应当及时选用磨砂棒或砂纸打磨孔洞内径。

（3）中孔。其指直径或边长在 6～20mm 之间的孔洞。中孔可使用不锈钢管、打孔钳、金属钢笔帽或者圆形瓶盖等来获得，但要注意不同厚度的材料需要选用不同的钻孔工具。

（4）大孔。其指直径或边长不小于 21mm 的孔洞。大孔的获得可先使用比较尖锐的工具将孔洞中央刺穿，然后再慢慢向周边钻凿。钻凿结束之后，要用剪刀将材料边缘修整至平齐状态，最后再使用砂棒或者砂纸打磨孔洞内壁，使其处于一个平滑的状态。

5.5 零部件连接与配景装饰

建筑模型零部件的连接方式较多，主要包括粘接、钉接、插接及复合连接等几种。粘接主要选用胶黏剂粘接结构；钉接主要是利用圆钉、枪钉及螺钉等将不同的结构钉接在一起；插接是利用材料加工后所具备的结构特点来彼此相互穿插，固定在一起；复合连接则是应用两种或两种以上的方式来将建筑模型的结构连接在一起。本节将重点讲述结构粘接的要点和后期装饰所包含的元素。

5.5.1 模型零部件结构粘接

建筑模型结构粘接的要点如下。

（1）选择合适的胶黏剂

不同的胶黏剂适用于不同特性的材料。透明强力胶多用于粘接纸质材料和塑料，这种材料黏性强、干固速度快；白乳胶多用于粘接木质材料；硅酮（学名为聚硅氧烷）玻璃胶多用于粘接玻璃材料或有机玻璃材料；502 胶多用于涂料、金属及皮革等材料的粘接。

（2）做好基层处理

在使用胶黏剂粘接模型结构之前一定要将粘接部位清理干净，要保证粘接表面没有油污、污水、灰尘、粉末、胶水等污渍。

（3）打磨粘接区域

粘接区域清理干净之后，可使用打磨机或砂纸打磨材料质地比较厚实的部位：一方面，可以更深入地清洁粘接区域；另一方面，也能有效增加粘接区域的摩擦面积，这样能帮助胶黏剂更好地与粘接区域连接在一起，粘接也会更加牢固。

（4）控制好涂抹量

每次涂抹量要能够完全覆盖住粘接区域，且涂抹应十分均匀。

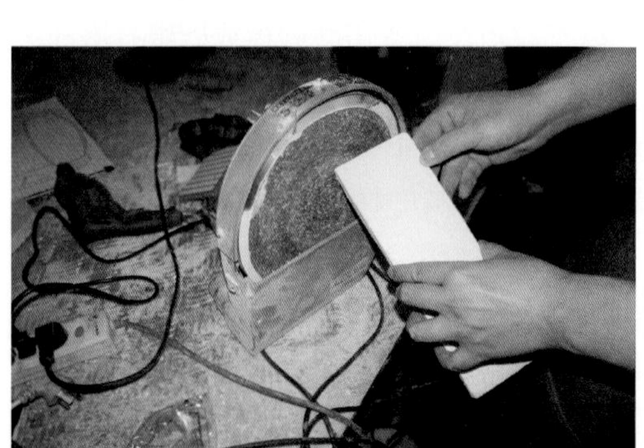
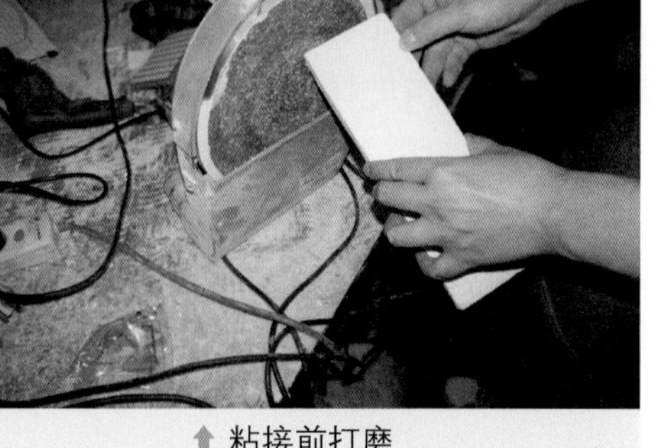

粘接前打磨

模型胶　双面胶

涂抹胶黏剂

左：打磨的目的在于获得干净且粗糙的粘接区域，注意打磨时不要减少材料的结构尺寸。操作时不可戴手套，以免手套被转盘绞入缝隙，对手指造成伤害。

右：大面积材料粘贴不能只使用一种胶黏剂，至少要选用两种不同性质的胶黏剂。

5.5.2　建筑模型配景装饰

建筑模型配景装饰主要可用于装饰建筑模型，且能够有效提高建筑模型的美感。常见配景装饰主要包括底盘、构件、地形道路、水景及绿化植物等，具体参见表 5-1。

表 5-1　建筑模型配景装饰元素一览表

装饰元素	名称	图示	特点与应用
底盘	聚苯乙烯板底盘		1. 质地较轻，韧性较好，不会轻易变形 2. 不同厚度的聚苯乙烯板适用于不同边长的底盘，如厚度在 25mm 的聚苯乙烯板适用于底盘边长在 600～900mm 之间的建筑模型 3. 成品的聚苯乙烯板表面切割后比较粗糙，因此还需使用厚纸板或者其他装饰板材对其进行封边处理 4. 电路设施能轻松穿插至聚苯乙烯板材中，加工方便
	木质底盘		1. 质地较厚，表面平整且纹理丰富，具有较好的胶黏材料耐受性，且不易变形；通常多选用厚度为 15mm 左右的木芯板、纤维板或实木板材制作 2. 装饰风格要与建筑模型的风格相统一，可在板材边缘适当钉接螺钉，以提高底盘的稳固性 3. 以金属材料或实木材料制作而成的建筑模型可选择实木底盘；由 PVC 板、纸板以及 KT 板等轻质材料制作而成的建筑模型可选择木质绘图板制作的底盘，这类底盘质地较轻，比较便于运输 4. 为了避免底盘变形，底盘边长大于 1200mm 的模型应当选择拼块的形式来制作底盘

续表

装饰元素	名称	图示	特点与应用
构件	路牌		1. 主要由路牌架和示意牌组成，要求具有一定的指向性和说明性，制作时要控制好比例，并调整好造型 2. 示意牌可使用厚纸板制作，小木杆和 PVC 材质杆可用于制作示意牌的支撑；牌上的图片可通过软件绘制，再打印粘贴到示意牌上 3. 路牌架可选用灰色；路牌上所绘制的示意图一定要符合国家的相关标准、规范，制作路牌的材料颜色也应当尽量与实际相符
	围栏		1. 比例较小的围栏可通过软件绘制围栏形状，然后打印出来，再将其粘贴到相应的材料上，并对其进行剪裁 2. 制作围栏材料常见的有厚纸板、透明有机玻璃板、木质板材或 ABS 材质板材 3. 制作围栏时要注意调节好栏杆横、纵方向上的平整度，围栏的体积要符合要求 4. 选择成品围栏时，其真实性比较高，形成的视觉效果比较好
	建筑小品		1. 主要包括假山、雕塑等，这些装饰品在建筑模型中所占的比例较小 2. 具有比较好的装饰效果，可以购买成品模型；也可利用石膏、黏土或塑料等制作部分造型简单的建筑小品
	家具、人物、车辆		1. 家具、人物及车辆等构件体积较小，但真实性较高；能够有效提升建筑模型的整体视觉效果；可以购买成品 2. 家具、人物及车辆等构件的布局要合理，与主体建筑之间的比例关系要合理
地形道路	地形		1. 这里多指等高线地形，可选用 PVC 板或 KT 板制作，注意选择合适的比例 2. 使用木质材料制作地形时，制作工序比较复杂，需要经过拓印、切割、堆叠等步骤一步步地制作成型；为了增强地形的真实感，还可以在叠加的木板表面涂抹石膏或黏土材料
	道路		1. 道路主要由绿化区域和建筑物路网组成；建筑物路网多为灰色，制作时要做好主路、辅路、人行道之间的划分 2. 可以用灰色即时贴来表示机动车道路，用白色即时贴来表示人行横道和道路标示 3. 道路多以笔直铺设为主；转弯处可待全部粘贴完成后，再由直角转换为弯角

续表

装饰元素	名称	图示	特点与应用
水景			1. 小比例水景可直接用蓝色卡纸剪裁、粘贴而成，或将蓝色压花有机玻璃剪裁成设计所需，直接替代卡纸 2. 大比例水景制作时要表现出水面与路面的高度差，可先将底盘上的水面部分雕空，再粘贴有色有机玻璃板或透明有机玻璃板。注意使用透明有机玻璃板时，需粘贴蓝色皮纹纸或喷漆
绿化植物	绿地		1. 绿地在建筑模型中所占比例较大，色彩多为土绿色、橄榄绿色或深绿色或灰绿色 2. 使用仿真草皮或草粉制作绿地时，要选择合适的胶黏剂，使用纸张制作绿地时要提前调好颜色 3. 在不同材料制成的底盘上粘贴绿地时，要选择不同的胶黏剂，如木质底盘或纸质底盘可选用白乳胶或自动喷胶粘贴绿地；有机玻璃板底盘可选用双面胶或自动喷胶粘贴绿地 4. 选择喷漆方式制作绿地时，注意选择正确的颜色；喷漆时要用纸张遮住不喷漆的区域，并封闭好纸张边缘
	树木		1. 可选用细孔泡沫塑料和大孔泡沫塑料制作树木；其中，大孔泡沫塑料密度比较小，更适合制作树木 2. 比例较小的树木可制作成球状或锥状；球状代表阔叶树，锥状代表针叶树 3. 用纸质材料制作树木时，要根据树木的尺寸和形状来剪裁，条件允许时还是尽量购买成品树木
	花坛		1. 选用大孔泡沫塑料或者绿地草粉制作花坛内部的填充材料时，可根据设计需要选择合适的色彩 2. 可在花坛的边缘处设置一些小石子；石子可设置得随意些，这样花坛的自然感会更强，所营造的环境氛围也更别致 3. 花坛的设计要与主体建筑的设计相统一，且花坛的色彩要具备层次感和变化感

5.6 科学连接电路

电与光能够烘托出建筑模型的环境氛围，了解电路连接的相关知识能够更科学地将电与光结合在一起。

5.6.1 选择合适的电源

建筑模型中常用的电源可分为电池与交流电源，在制作建筑模型时应当根据模型的设计要求、模型规模、模型设计特点等来选择合适的电源。

5.6.1.1 电池与交流电源

建筑模型中常用的电池主要可分为酸性蓄电池、普通锂电池、太阳能电池板等。

（1）酸性蓄电池。酸性蓄电池具有比较长的供电能力，可反复使用；使用时要注意用电安全。

（2）普通锂电池。这类电池适用范围比较广，安全系数比较高，单只电池的电压一般在3～12V之间。

（3）太阳能电池。这是一种能将光能转换为电能的电源装置，可用于户外展示模型及房地产展示模型等，应用比较灵活。

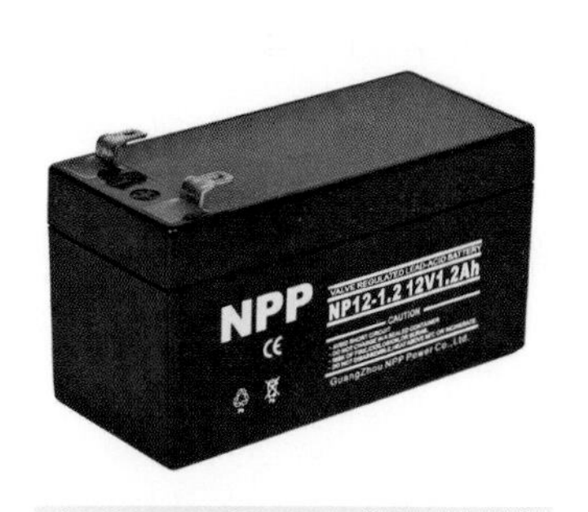

（a）酸性蓄电池

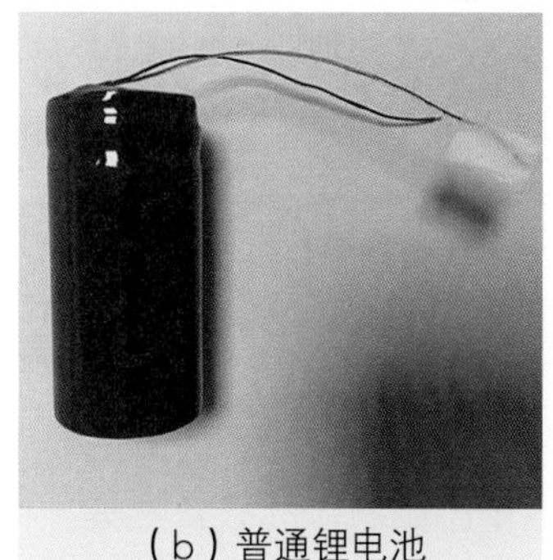
（b）普通锂电池

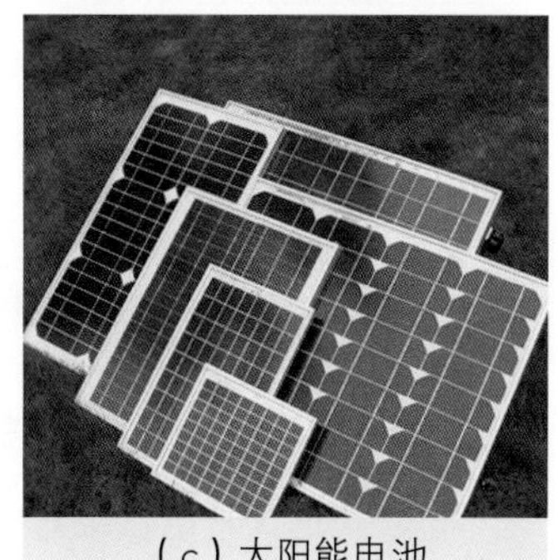
（c）太阳能电池

⬆ 建筑模型中常用的电池

上：在现代建筑模型展示过程中，电池供电通常是为了应急，以保证突发断电状态下的正常供电。此外，中大型房地产模型通常选用酸性蓄电池；锂电池仅用于建筑模型制作过程中的测试；太阳能电池适用于户外临时展示。

5.6.1.2 交流电源

交流电源通常会选用220V的额定电压，交流电源能持续供电，且电压十分稳定。注意用电时要做好安全防护。在建筑模型制作中，交流电源多为功率较大的机械设备提供电能，如切割机、打磨机、铣床及电动钻孔工具等；部分小功率的概念模型也会用到交流电源。为了保证使用和制作的安全，可选择变压器来获得3～12V的安全电压。

5.6.2 符合情境的灯光照明

灯光是建筑模型中必备的要素，它能很好地烘托建筑模型的环境氛围，同时也能为建筑模型内部结构提供基础照明。

建筑模型中常用的照明方式有自发光照明、投射光照明和环境反射照明等方式，其中自发光照明是指从建筑模型内部产生光亮，从而达到为建筑模型照明的目的；投射光照明

是指在建筑模型外部及周边产生光亮，然后投射到建筑模型上；环境反射照明则是在整个环境空间内设置环境光，以达到满足建筑模型照明的目的。

⬆ 建筑模型自发光照明

⬆ 建筑模型透射光与环境反射综合照明

左：自发光照明适用于周边环境较暗的展示现场，多为商业地产楼盘建筑模型，可营造出神秘、典雅的视觉氛围。

右：建筑模型透射光与环境反射综合照明适用于住宅小区楼盘建筑模型，可方便众多消费者从多角度评价楼盘品质，方便导购员讲解。

5.6.3 电烙铁焊接工艺

电烙铁是日常电器维修、电子产品制作的必备工具。在建筑模型制作中，多使用电烙铁焊接电子元件、电线等。

⬇ 吸锡电烙铁是综合活塞式吸锡器和电烙铁为一体的拆焊工具。该工具使用方便，适用范围较广，且自带电源。

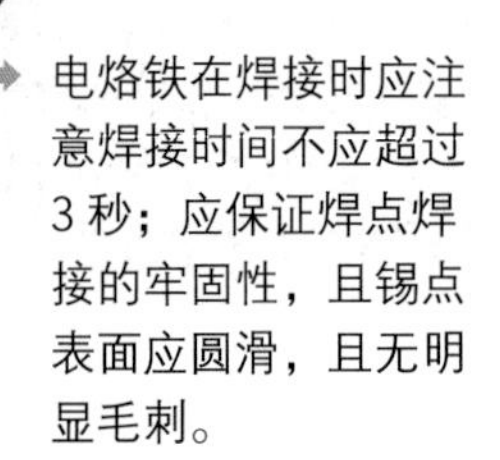

➡ 电烙铁在焊接时应注意焊接时间不应超过3秒；应保证焊点焊接的牢固性，且锡点表面应圆滑，且无明显毛刺。

⬆ 吸锡式电烙铁

⬆ 电烙铁焊接

5.7 拍摄定稿照片

建筑模型制作完成后，应当拍摄定稿照片：既可作为建筑模型的宣传照片，也能作为后期分析建筑模型设计特色的文件资料，拍摄时要特别注意构图。

5.7.1 拍摄模式与要素

要展示出建筑模型的设计特色，必须从不同角度拍摄建筑模型，所拍摄的照片既要能体现出模型整体面貌，又要能表现出局部细节。此外，在拍摄之前还需明确以下几点。

5.7.1.1 拍摄模式

为了更好地拍摄出建筑模型的结构特点和设计特色，应当选择光圈优先的拍摄模式。这种模式在任何光照环境下都能清楚地表现出建筑模型的细节特点，包括材质特点和色彩特点等，且这种模式也适合初学摄影的模型制作者。

5.7.1.2 了解拍摄要素

在正式拍摄之前，要了解清楚“景深/色温与白平衡（WB）”“焦距与视角/设置构图”“设置曝光/曝光补偿”等的含义。

（1）景深/色温与白平衡（WB）。景深指相机的对焦范围，景深出现误差则可能会导致模型局部虚化。此外，相机的白平衡功能也能够帮助更好地调整模型色彩，一旦白平衡失调，模型色彩可能会出现重叠的现象。

（2）焦距与视角/设置构图。不同的焦距和视角，所拍摄的建筑模型展现出来的透视关系和形态等也会有所不同。拍摄时，要根据拍摄内容的变化选择更适合的焦距。

（3）设置曝光/曝光补偿。曝光过度可能会导致拍摄出来的照片发白，从而导致不能清晰且细致地表现建筑模型的特色。

⬆ 专业相机

⬆ 专业相机与三脚架

左：专业相机与手机拍摄质量的区别在于拍摄画面的色彩、层次，专业相机镜头中的镜片间距更大，能提供丰富自然的景深效果；而手机的景深效果相对单调。

右：三脚架能提供稳固的支撑，是提高拍摄画面清晰度的最佳工具之一。

5.7.2 合适的光源与构图

5.7.2.1 布置光源

合适的光源才能更清晰地展示建筑模型的形态特点。由于光线照射到建筑模型不同角度的表面时会产生明暗不均的反差效果，因此在拍摄建筑模型时，可利用这种光影效果来凸显建筑模型的立体感。

为了获得更好的拍摄效果，可以将主源灯布置在建筑模型的 45° 角处，这样模型照片的光影效果才会比较平衡；不应将光源布置在建筑模型的正上方，否则拍摄出来的建筑模型会有大面积的阴影，视觉效果较差。

（a）角度较低的光源

（b）高度适中的光源

⬆ 角度合适的光源

a： 光源高度较低会造成较长投影，可模拟出夕阳效果。
b： 光源高度适中，利于将主要光线照射到建筑主要门窗立面上；照明采光充沛，观察清晰。

5.7.2.2 取景构图

拍摄建筑模型时，要确保模型始终处于画面的中心位置，画面的背景色彩要与建筑模型的主色彩相搭配。不同的建筑模型还需选择不同的构图形式，建筑内视模型和规划模型可选择鸟瞰拍摄；单体建筑模型可选择平视拍摄或近距离拍摄；概念建筑模型可选择拍摄模型的平面和立面效果。

（a）鸟瞰拍摄（李佳、李心语）

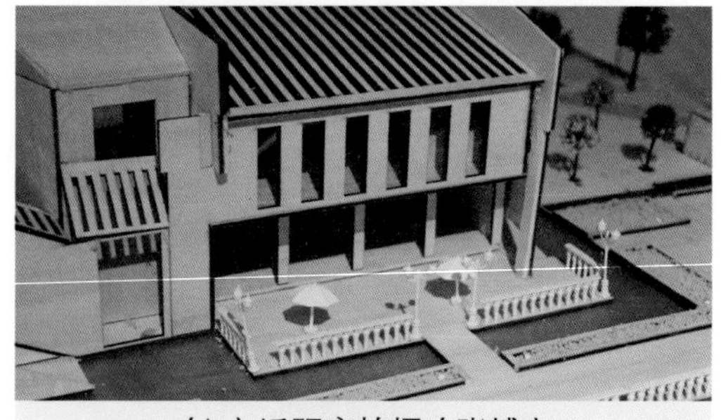

（b）近距离拍摄（张博）

⬆ 合适的构图

a： 鸟瞰模型具有一览全局的效果；但是缺乏细节表现，适用于单色模型表现光影。
b： 近距离拍摄适合细节丰富的建筑模型，对色彩、材质均有明显区分。

5.7.3 全方位拍摄

为了拍摄一件中等体积的建筑模型，首先可以环绕一周观察最佳视角，以 2～3 张照片拍摄模型全貌；然后，在模型 45° 斜侧角与正面，对主体建筑构造拍摄 1～2 张照片；接着，对细节局部进行拍摄，具体拍摄数量根据细节复杂程度来定，多为 3～8 张不等。这时还可以考虑放低视角，以第一人视角去拍摄。最后，环绕模型，检查、补拍遗漏的视角。

（a）高鸟瞰全貌

（b）低鸟瞰全貌

（c）建筑主体（一）

（d）建筑主体（二）

（e）场景局部（一）

（f）构造局部

（g）场景局部（二）

（h）第一人视角局部

⬆ 苏园古建 · 现代模型拍摄（李澜君、刘文雅）

上：建筑模型的拍摄规律是先环绕建筑一周拍摄全景、鸟瞰视角，再对局部细节进行特写拍摄；拍摄数量根据建筑模型的复杂程度来定，注意可不断变换高低角度，穿插拍摄。

5.8 建筑模型制作基础

掌握建筑模型制作工艺是模型制作者必须要经历的过程，只有通过理论分析和现场实践，制作者才能更好地利用制作材料，才能更好地雕琢出建筑模型的设计特色。

5.8.1 手工建筑模型制作基础

下面主要讲解建筑模型的部分深化制作工艺。

⬆ 切割材料

⬆ 熔接材料

左：切割材料之前要绘制好参考线，要保证参考线绘制的准确性；同时，根据参考线切割材料时，可选用直尺或方形尺辅助切割，这样切割出来的材料表面会更平整。此外，选择切割工具时要根据材料硬度和规格来定，这样也能有效避免切割材料时出现材料断裂的情况。

右：熔接材料主要是通过加热的方式将塑料接合在一起，此处主要是利用日常生活中常见的打火机燃烧塑料胶棒，使塑料棒的端头熔化，从而与其他塑料材料连接在一起。在使用打火机时，要考虑到周边是否有其他易燃、易爆物品，室内通风情况如何等；又由于燃烧塑料棒会产生刺鼻的有毒气体，操作时应戴上口罩。

小贴士

真水沙盘制作要点

真水沙盘必须要具备水循环系统和流水灯光控制系统，这样能使真水沙盘更具真实感和设计感，灯光与水面映衬的视觉美感也会更强。为了丰富水体效果，可用白蜡制作浪花和排浪，制作时要控制好浪花之间的间距；还可选择在水面板材上喷涂不同的色彩，以丰富水体颜色；还可适当添加假山、石块、桥梁、船只、岛屿及亭和榭等。这些小构件可以更好地丰富真水沙盘的内容。此外，还可使用喷涂有机玻璃板方式，注意控制好喷涂量；银铜色喷漆与有机玻璃板搭配能够有效提升水面的反光效果。

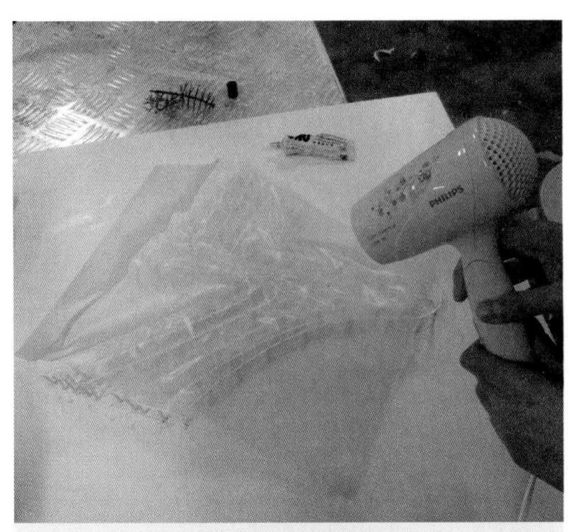

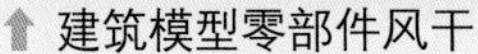

建筑模型零部件风干

建筑模型零部件打磨

左：材料剪切成型后需要使用胶黏剂将其粘接在一起。为了加快制作进度，可以使用吹风机吹干建筑模型零部件的粘接部位，适当的热风也能使模型零部件之间的粘接更加紧密。

右：建筑模型零部件组装成型后，为了使模型表面视觉感和触感更好，可使用砂纸或锉刀对其表面进行打磨；打磨或锉削时，要控制好施工力度；还要保持建筑模型表面的平整，可多次打磨，直至达到设计标准。

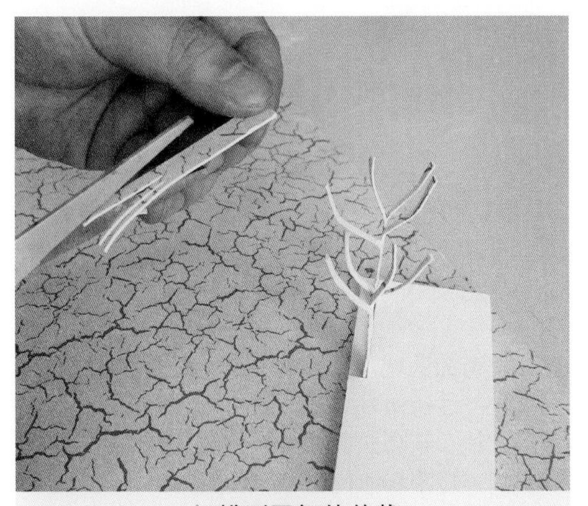

模型零部件剪裁

模型零部件内部打磨

左：质地较软的材料，如纸板、薄 PVC 板、薄塑料板、薄木板等，都可使用剪刀剪裁，尤其是造型特殊，以及弧度和曲度较多的构造，使用剪刀会更容易处理。需注意的是，使用剪刀剪裁规格较小的建筑模型零部件时要具有耐心，要争取做到一步到位。

右：对于部分具有一定厚度的材料，在裁剪完图形后，还需要检查其内、外表面是否平滑；可使用电磨笔打磨图形的四角和内边缘，打磨时要注意控制好力度和速度。

5.8.2 机械设备加工建筑模型制作基础

下面主要讲解利用机械设备加工建筑模型的部分制作工艺。

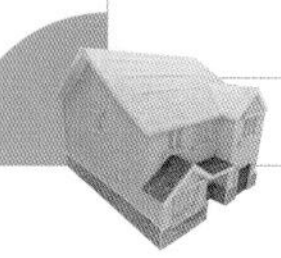

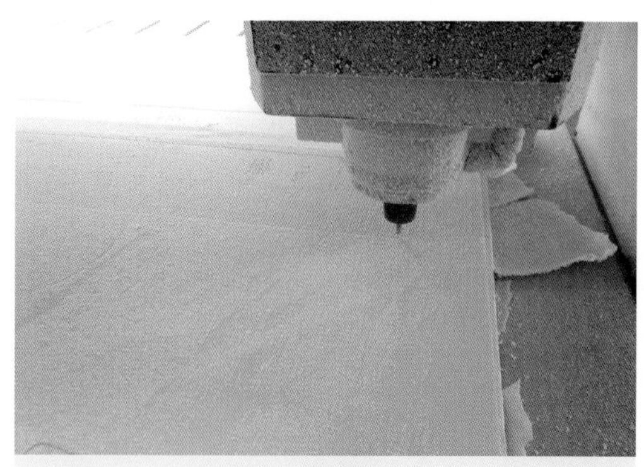
⬆ 雕刻图形

⬆ 撒草粉

左：在雕刻图形前，需要审核建筑模型设计图纸上的图形样式、比例以及尺寸等是否正确，然后才可将相关数据输入雕刻机中，并开展建筑模型的基础雕刻工作。使用雕刻机加工建筑模型可使其外观更加精致，结构更具稳定性。

右：撒草粉是制作绿地的重要步骤，在撒草粉之前需要在绿地区域均匀涂抹胶黏剂，然后在胶黏剂未干时均匀撒下草粉；草粉可外购成品，也可自行制作。

⬆ 扫除多余的草粉

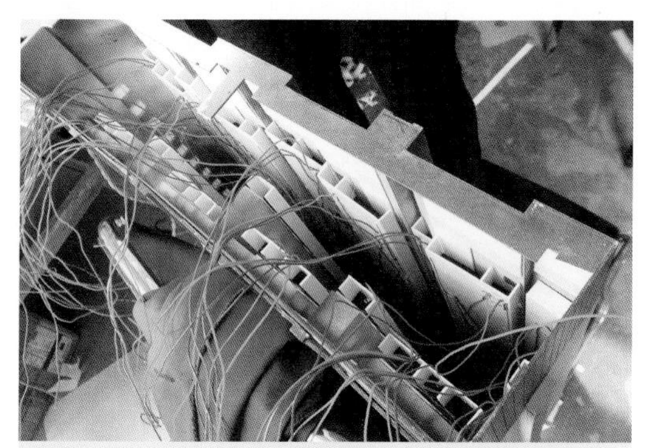
⬆ 埋线

左：待胶黏剂干固后可使用刷子将多余的草粉刷除；若绿地有的区域没有草粉，则应在该区域内重刷胶黏剂，并重撒草粉，直至绿地区域完全被草粉覆盖住。注意做好绿地边缘的处理。

右：埋线不可过于凌乱，要根据电路设计图纸在材料底部穿线。还要选择质量较好的电线，并注意避免过度的电线交叉，这样也能减少电磁场对电路的影响，短路现象也会较少发生。

本章小结

制作建筑模型，更重要的一点就是要选择合适的制作工具和合适的模型材料，并熟练且灵活地利用这些工具和材料，在充分理解设计图纸的基础上，依图加工材料。在实际制作建筑模型时，一要满足设计要求，具备美观性和经济价值；二要能表现出建筑模型的造型、色彩和设计含义；三要能够唤起公众的思考，激发公众对建筑主体建设和城市建设等的思考。

第6章

建筑模型 手工制作实战详解

识读难度 ★★★★☆

重点概念 造型分析、材料搭配、构件加工、配景、制作步骤

章节导读 虽然建筑模型的形态千变万化，但是利用手工工具制作建筑模型的方法比较简单，材料与制作工具使用时可以很快上手。此外，建筑模型手工制作是匠心与手完美的配合，要求能够创造出外形美观、构造平整的建筑模型。在制作时，一定要严格参考设计图纸的尺寸，进行剪裁与构件拼接。

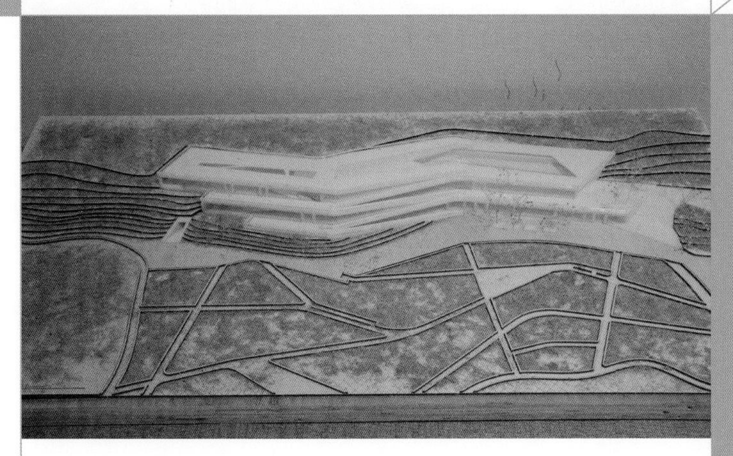

⬆ 手工制作建筑模型——原野之上（蒋天宇、闫州、吴雨佳）

⬅ 随着时代的发展，手工制作建筑模型也会采用一定的工具与设备，只不过以往很昂贵的设备现在变得相对便宜了。本章所指的手工制作建筑模型不再是纯粹的徒手制作，而是合理选用轻便工具进行辅助加工，模型可采用手动切割机切割墙体板材，再进行手工装配。树木、屋顶、植物、水面仍为手工制作，工具也仅限于胶水、剪刀、美工刀等基础手工工具。

6.1 多角度分析建筑模型造型

建筑模型造型（简称模型造型或造型）是建筑模型制作的灵魂，分析造型的设计含义和设计特点是制作建筑模型的重要步骤。

6.1.1 建筑模型设计灵感分析

建筑模型的设计灵感来源于生活和自然，如生活中常见的几何图形、动植物造型、光影造型等都有可能成为建筑模型的制作灵感。在建筑模型制作时会参考这些灵感，并在此基础上，充分结合建筑学、人机工程学、设计美学、结构美学等理论知识。此外，分析建筑模型造型的设计灵感时还可以明确造型设计特点，从而深化对建筑模型设计的理解，这对于后期分步制作建筑模型也有重要参考意义。

6.1.2 建筑模型造型特点分析

建筑模型的造型特点可从建筑模型的分解图、三视图、剖面图、效果图等图纸中分析得出；通过研究各设计图纸中的图形形态、尺寸、结构组成等要素，能够明确建筑模型的造型特点。

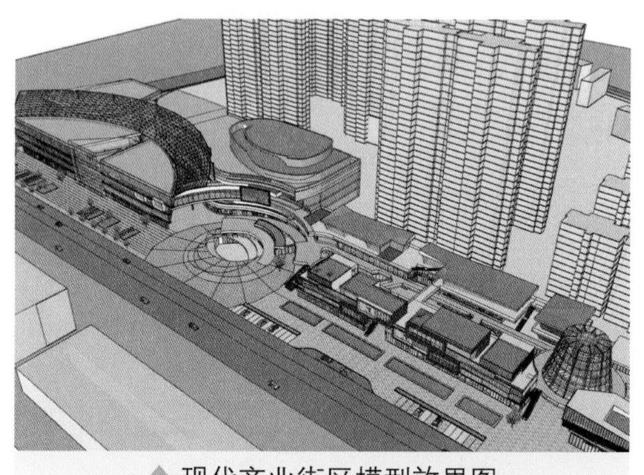
⬆ 现代商业街区模型效果图

⬆ 仿古商业街区建筑模型效果图

左：高层建筑位于小区内部，不是建筑模型的设计重点，因此在设计稿中不着色。
右：仿古建筑注重细节，多选用成品构件；在设计中要考虑能买到的成品构件尺寸，根据成品件来确定模型制作的比例。

6.1.3 建筑模型外观尺寸分析

建筑模型外观尺寸是用于研究建筑模型与实体建筑之间比例关系的重要数据，它不仅对模型造型起到限制作用，同时对模型内部构造的尺寸也有影响。通过分析建筑模型的外观尺寸，能帮助设计师审核模型是否具有可行性，其结构是否具备稳定性，其设计造型是否能长久存在。

6.2 根据建筑模型特征选择材料

在制作建筑模型时，要根据模型的规模、设计情感和设计寓意等选择合适的材料。

2mm 厚软木板手工弯曲成型。

桥墩采用成品装饰立柱。

（a）码头上的风景（张安琪）

瓦楞纸制作屋顶。

购置成品树木。

即时贴制作路面。

（b）工业风餐厅（杨宇盟、贾宁）

⬆ 材料的搭配

6.2.1 合理选择材料色彩

合理搭配色彩能准确传达建筑模型的设计含义。色彩选择时应注重色调，使各类材料能够相互协调。统一色彩能够提升建筑模型整体的视觉美感，同时也能增强建筑模型的真实感和清晰感，对提高建筑模型的设计形象很有帮助。可以选择与真实材料相近的色彩，且材料之间的色彩多为互补色。应注意处理好材料色彩的比例关系问题。

6.2.2 材料情感要相互搭配

不同质地的材料具有不同的触感，所能传递的设计情感也会有所不同。例如，金属材料会传递出冷静的设计情感；木质材料则会给人一种古朴、厚重的浓烈情感等。

比较常见的材料搭配为：木质材料搭配 PVC 板材；有机玻璃板搭配制作建筑模型；金属材料搭配有机玻璃板或 ABS 板制作建筑模型等。具体搭配形式还需根据模型的整体规格与模型的设计结构而定。设计师需要根据建筑模型的设计思想以确定所要表现的氛围和情感，从而选择搭配材料来进行制作。

6.3 不同材料构件的加工与连接

不同材料制作的构件其加工、连接工艺不同。本节主要讲解木质构件、金属构件、塑料构件的加工与连接工艺。

6.3.1 木质构件加工

木质构件加工是利用手锯、锉刀、开榫工具等，使材料成为具备一定尺寸和形状的零部件。在这个加工过程中，需要设计师具备较好的心理素质和动手能力。

（1）刨削。刨削主要使用刨刀刨削木质构件的基准面、相对面以及基准边和相对边，可以选用平刨或压刨的形式来对木质构件进行加工。

（2）开榫。榫卯结构具有比较好的稳固性，可使用开榫机或刀具根据榫头形状在木质材料上开榫。比较常见的榫头有双头榫、直角单榫、斜榫等。

（3）修整。木质构件加工完成后，一般会使用砂纸打磨构件的内表面和外表面，要去除木质构件内、外表面的毛刺和压痕，使其具有更光滑的触感。

（a）榫卯衔接造型

（b）木质构造模型底座

木质构件加工

a：现在已经很少采用榫卯形式来制作建筑模型的木质构造了，只有制作大型仿真古建筑模型时才会使用。榫卯结构需要采用电动木工设备进行加工。

b：用于外露的木质构造模型底座，具有展示功能。木质构造形态应当紧密细致，木质材料的间距与尺寸应当保持一致，具有整齐规范之感。

6.3.2 金属构件加工

金属构件加工主要是指通过锉削、锯割、钻孔、划线等方式，获得建筑模型制作所需的零部件。锉削是利用相应的锉削工具，如锉刀、磨光机等来打磨金属构件；划线则是使用划线笔在金属材料表面划出加工所需的轮廓参考线。

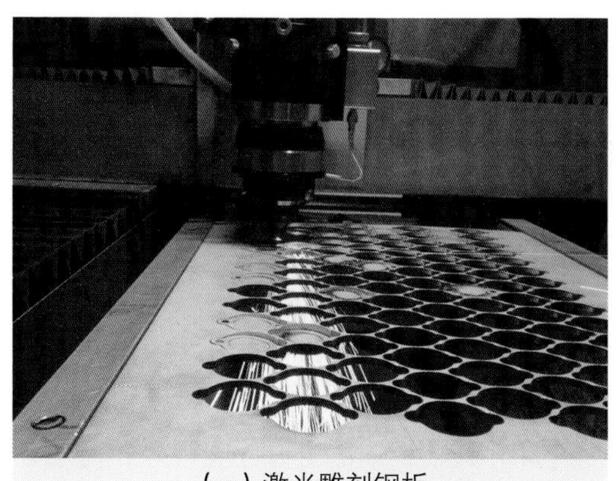

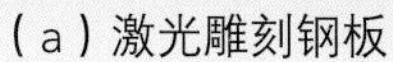
（a）激光雕刻钢板

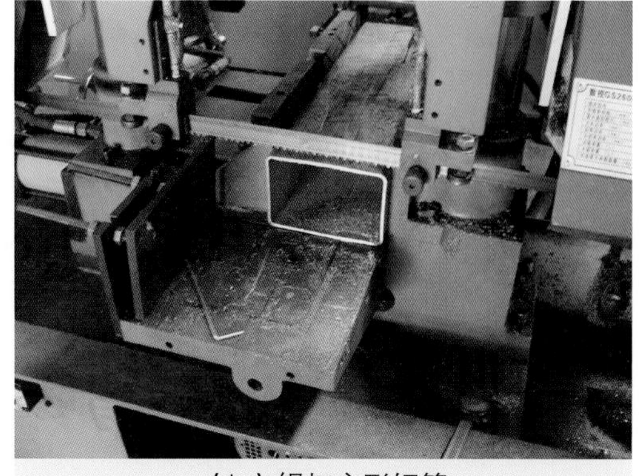

（b）锯切方形钢管

⬆ 金属构件加工

a：如果无法购买成品金属构件，在大多数情况下都会用到激光切割机，这样才能保证制作效率。
b：锯切机对硬质金属杆、管材料进行切割，所获得的小尺寸型材可满足进一步焊接、组合使用要求。

6.3.3 塑料构件加工

塑料构件加工主要是指通过手锯、剪刀、抛光机、电钻、砂纸等工具或方式完成塑料构件的连接、成型、修饰、装配等工作。由于塑料具有比较差的耐热性，弹性也比较差，一旦刀具或夹具对其产生的压力过大时，可能会导致塑料构件出现断裂或变形的情况。因此，在加工塑料构件时，应当根据塑料的种类和特性来选择合适的加工工具、加工力度与加工速度。

（a）3D 打印构件

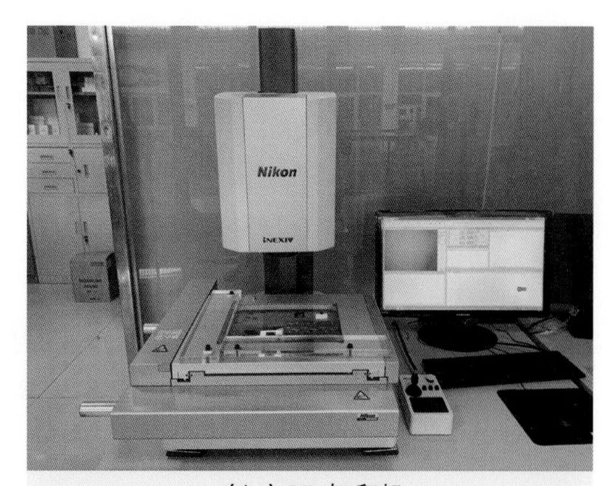

（b）3D 打印机

⬆ 塑料构件加工

a：结构复杂，且构造表面凸凹不平的构件可采用 3D 打印的形式进行制作，比机械雕刻机效率高，便于手工组装。
b：3D 打印是建筑模型制作的主流趋势，设备价格低廉，适合各种建筑模型制作配件。

6.3.4 木质构件连接

木质构件主要可通过榫卯连接、螺栓连接、钉连接、键连接等几种方式进行连接。

（1）榫卯连接。榫卯连接是通过榫卯结构将木质构件连接在一起，连接的牢固性比较强，且能提高建筑模型的承受力。但这种连接方式比较耗费材料。

（2）螺栓连接。螺栓连接在建筑模型的制作过程中比较常见，主要是通过利用螺栓与木质材料之间的摩擦力来实现木质构件的连接。

（3）钉连接。钉连接是利用钉子与木质材料之间的摩擦力来实现连接木质构件的目的，使用时要控制好钉子与钉子之间的间距。

（4）键连接。键连接可分为木键连接和钢键连接。其中，钢键受力性能较好，使用频率较高。

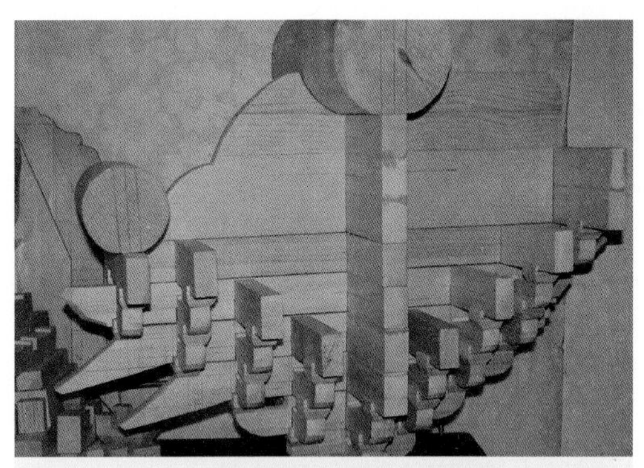

（a）仿古建筑中的斗拱模型

（b）薄木板制作构件

木质构件连接

a：仿古构造模型应当采用 1：1 比例制作，可选用软质木料方便加工。
b：对 2mm 厚的薄木板进行雕刻后，组装成型，适用于概念模型。

6.3.5 金属构件连接

金属构件可以通过焊接连接、铆钉连接、螺栓连接等方式进行连接。

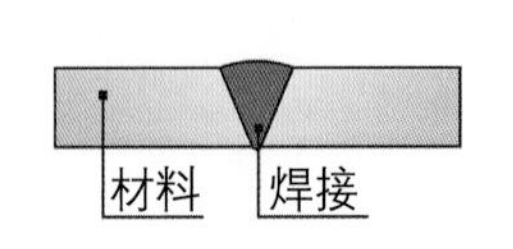

（a）焊接连接

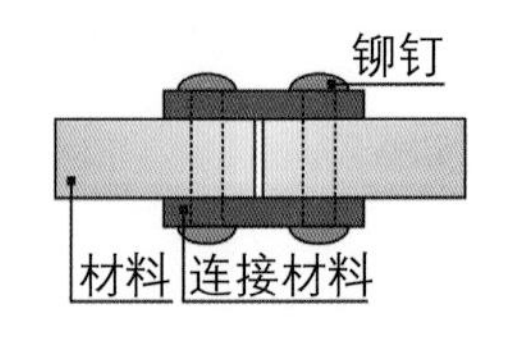

（b）铆钉连接

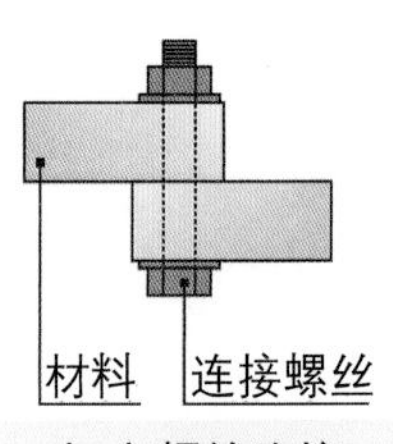

（c）螺栓连接

金属构件的连接

上：焊接连接比较简单，损耗率比较小，使用频率较高；铆钉连接施工较复杂，这种连接方式能赋予金属构件更好的塑性和韧性，但不太节省材料，目前使用频率较低；螺栓连接能有效提高金属构件连接的稳固性，根据强度的不同可分为普通螺栓连接和高强度螺栓连接，强度越高，连接效果越好。

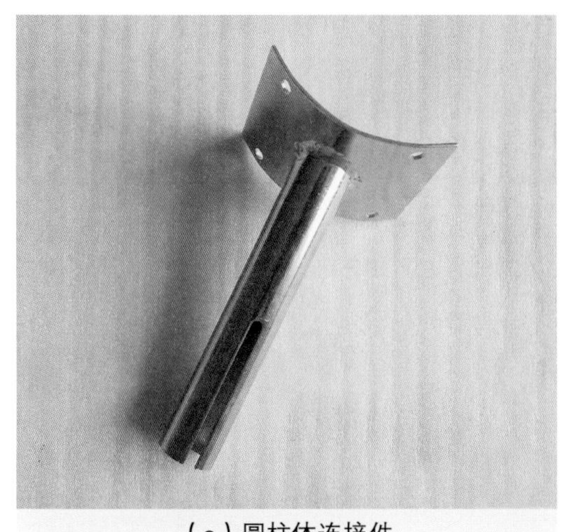
（a）圆柱体连接件

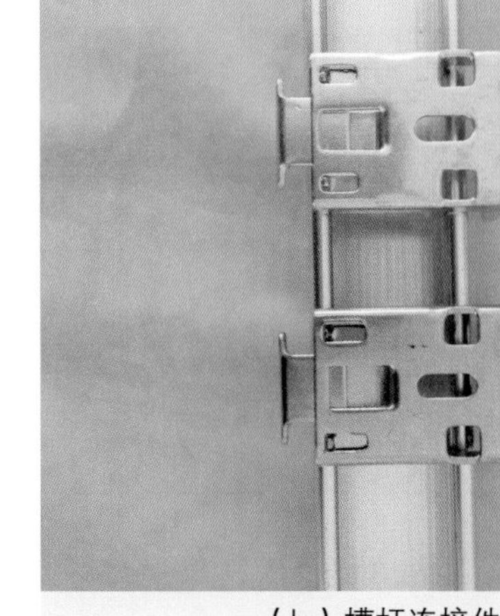
（b）槽杆连接件

金属构件连接

a：金属构件可以选购，也可以自行加工制作。但是，应隐藏在模型构造内，一般不外露。
b：可以直接采购部分成品件，再自行加工、制作部分连接件；如购置了金属槽杆，可再根据槽杆规格与形态制作连接件。

6.3.6 塑料构件连接

塑料质地较轻，透明性、绝缘性、着色性、成型性和耐冲击性等都十分不错。可根据这些特性，选择不同的方式来连接塑料构件，具体参见表 6-1。

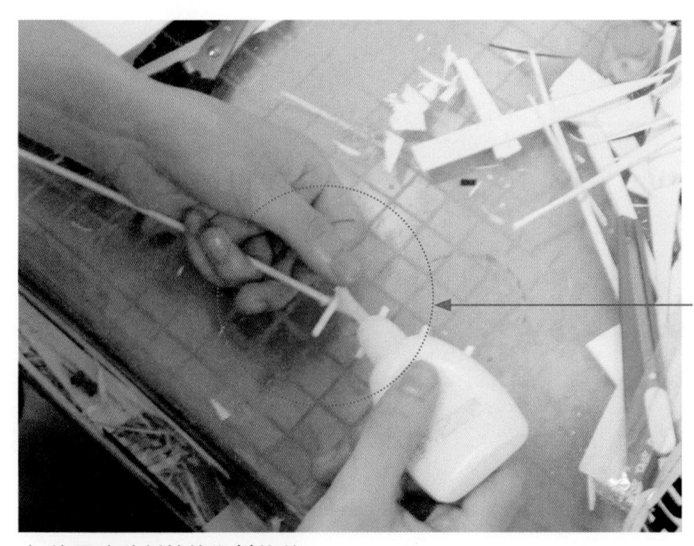

使用 502 胶、树脂溶液或热熔胶粘接塑料构件。在粘接之前要将塑料构件表面清理干净，并使其保持在一个干燥的状态中，涂抹的胶量要均匀且适量。

使用胶黏剂粘接塑料构件

表 6-1 塑料构件连接方式

连接方式	特点
胶黏剂连接	采用胶黏剂将两个界面黏合在一起，适用于连接质地较轻薄的塑料构件
溶剂连接	采用溶剂来将塑料构件端头溶解、软化，从而使构件连接在一起
紧固件连接	采用自攻螺丝钉、螺栓和压入型紧固件等，对构件进行固定，要控制好紧固件之间的间距
铰链连接	采用铰链将塑料构件连接在一起，灵活性较高；可以根据铰链的不同，选择不同数量的附加件
卡扣连接	采用卡扣将两个或两个以上的塑料构件镶嵌在一起。其中，卡扣主要由定位件和紧固件组成：定位件起到引导卡扣安装的作用；紧固件则起到锁紧卡扣与塑料构件的作用
塑料铆焊	采用高温或高压来使塑料构件连接在一起，具体可细分为冷铆焊接、热铆焊接、热气铆焊接、超声波焊接等。这种连接方式能使塑料构件之间的紧密性更强
热金属丝焊接	采用金属丝发热产生的热量来熔化塑料构件的表面，从而使塑料构件连接在一起；操作时还应对塑料构件表面施加一定的压力，这样塑料构件之间也能更紧密连接。注意焊接结束后，及时将多余的金属丝剪裁，以免破坏塑料构件的造型

通过在构件中压入紧固件、自攻螺钉和螺栓等，来连接塑料构件。压入紧固件是通过其杆上的凸起构造而起到连接的作用，而自攻螺钉是利用螺纹来进行连接的。

紧固件连接

利用铰链连接塑料构件的方法，其优点是可重复开合；缺点是成型后的模型精度要求高且较为复杂，需要丰富的开发经验，并合理设计活动铰链。

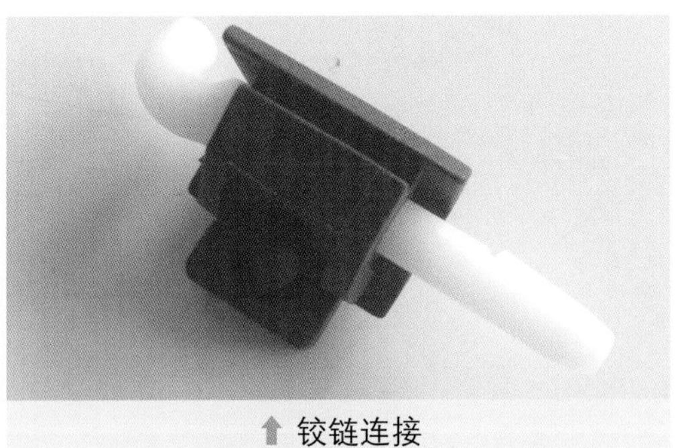

铰链连接

6.4 了解建筑模型涂装色彩与工艺

为了提升手工建筑模型的美观性，也为了获得更好的视觉效果，在组装时应选择合适的色彩，均匀涂装模型零部件。注意涂装时，应从宏观和微观层面综合考虑以下涂装注意事项。

6.4.1 合理搭配建筑模型色彩

建筑模型所用的色彩大部分是在原始色的基础之上调和出来的，下面主要介绍不同色彩的调和比例，具体参见表 6-2。

表 6-2 不同色彩的调和比例

色彩		调和比例	色彩	调和比例
透明色系	透明绿	1 透明黄 + 1 透明蓝	橙红色	1 红色 + 1 黄色
	透明橙	1 透明红 + 1 透明黄	绿色	1 蓝色 + 1 黄色
	透明紫	1 透明红 + 1 透明蓝	紫色	1 蓝色 + 1 红色
金属色系	黑铁色	1 银色 + 1 黑色	灰色	1 白色 + 1 黑色
	烧铁色	1 银色 + 1 黑色 + 0.3 金色	德国灰	1 白色 + 1 黑色 + 0.5 蓝色
	香槟金	1 银色 + 0.8 金色	黄绿色	1.5 黄色 + 0.7 蓝色
	哑铝色	1 银色 + 0.7 消光剂	苹果绿	1 白色 + 1 黄色 + 1 蓝色
	黄铜色	0.7 金色 + 1.3 透明橙	肉色	1 白色 + 0.4 黄色 + 0.3 红色
	金叶色	0.7 金色 + 1.3 透明黄	赭褐色	1 黄色 + 1 红色 + 0.3 黑色
	金属红	1 银色 + 1.2 红色/透明红	土褐色	1 黄色 + 1 红色 + 0.5 黑色
	金属蓝	1 银色 + 1.2 蓝色/透明蓝	紫罗兰色	1 蓝色 + 0.5 红色 + 0.2 黑色
	金属绿	1 银色 + 1.1 绿色/透明绿	粉红色	1 白色 + 0.4 红色
	金属紫	1 银色 + 1.1 紫色/透明紫	天蓝色	1 白色 + 0.3 蓝色
	金属粉红	1 银色 + 0.6 透明红	浅黄色	1 白色 + 0.7 黄色
	淡钢铁蓝	1 银色 + 0.4 透明蓝	木纹色	先用白色打底，再用画笔绘制出黑色木条纹，最后用 1 透明橙 + 0.5 透明黑喷涂
	金属苹果绿色	1 银色 + 0.7 透明绿		
	金属巧克力色	1 黑色 + 1.3 金色		

注：表格中的调和比例数字单位为质量份。

为了表现建筑模型的造型特征，在设计和制作时应选用互补或相近色来作为模型的配色；也可选择建筑材料的原本色，这样模型的真实性也会更强，但色彩的纯度、明度等一定要控制好。

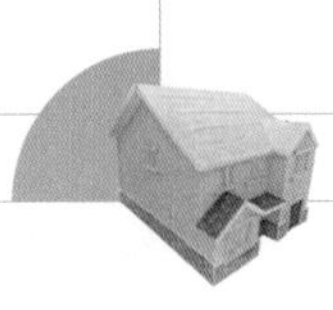

（a）深色与浅色对比

（b）利用板材纹理区分色彩

手工建筑模型着色

a：深红色墙面搭配白色屋顶形成强烈的明暗对比，再搭配黑色门窗边框，使建筑模型色彩更醒目。
b：对 ABS 板进行雕刻后，形成较强的肌理质感；再继续喷漆，能形成不均匀的色彩质感，作为屋顶使用时能明显区分模型的其他材质。

在应用色彩的过程中还需注意以下几点。

（1）明确色彩的协调性。要能灵活采用色彩间色、原色、复色之间的微妙变化，要能利用色彩对比来突出建筑模型设计的重点。

（2）明确建筑模型的主体色调和色彩来源，并通过加深主结构的纯度和明度，将其与灯光结合，从而使整体建筑模型具备更强的视觉吸引力。

（3）根据模型的造型和零部件的结构特色等综合考虑和选择色彩，所选的色彩在视觉上要有统一感，且不会给人以突兀感。

（4）根据建筑模型的表现对象、模型的材料特征、模型所要表现的氛围等来综合决定最终所使用色彩的明度和纯度。

（5）色彩具有较强的装饰效果，且具备一定的艺术性和观赏性；色彩明度应当随着模型的微缩比例和材料特征等进行适当调整。

（6）色彩具有很强的多变性，应当考虑模型材质、加工技法等对色彩的影响。材料材质、纹理的不同，着色后面层的色彩饱和度与色彩氛围感也会有所不同。

6.4.2　正确涂装建筑模型

建筑模型应分部件逐一进行涂装，涂装时应参照以下步骤。

6.4.2.1 准备涂装基础工具

建筑模型涂装可能用到的工具有画笔、喷笔、喷枪、涂料皿、调漆棒、模型漆、手套、口罩等。正式涂装之前，还需仔细检查、测试涂装设备，要确保喷涂设备可以正常使用，具体参见表 6-3。

表 6-3　建筑模型涂装基础工具

工具名称	图示	备注
画笔		规格多变，适用于细节处涂装，可根据建筑模型结构特征进行选择
喷笔		使用喷笔可获得比较均匀的色调，色彩层次感也较好
喷枪		可直接装涂料使用，装料量大，能满足一次性、多个构件的喷涂，涂料更换比较方便；其使用成本较低，喷涂效果较好
涂料皿		专用于盛放涂料
调漆棒		用于搅拌涂料
模型漆		种类丰富，色彩多变，可根据建筑模型的材料特征和设计需要进行选择
手套、口罩		对操作者的手部、口鼻起防护作用

6.4.2.2 基层清理与打磨

为了使涂装面层更具光滑感，在涂装前还应清理干净模型表面的灰尘、残渣等，并对涂装部位进行打磨，使其表面没有毛刺。

6.4.2.3 喷涂底漆

根据建筑模型材料的纹理和结构特征，选择合适的模型底漆；应当选择与涂料颜色相同色系的底漆，这样也利于模型色彩层次感的塑造。

6.4.2.4 修补面层缺陷

待底漆完全成型后，还需仔细检查建筑模型。如果模型面层有轻微缺陷，则可利用涂料的流平性使模型面层恢复平整状态；如果模型面层表面有凹凸不平等缺陷，则需涂抹涂料以使模型面层恢复至平整状态。

6.4.2.5 涂装面漆

这一步骤是为了形成合适厚度的涂膜，所选色彩应与底漆相同。通常中间涂层的涂装次数为 2 ~ 3 次，这样涂膜的质感会更好。

6.4.2.6 打磨、护理

建筑模型各零部件涂装完毕后，待干，使用合适目数的砂纸或锉刀打磨模型，使其表面有良好的触感，并做好基础护理工作。此外，应根据材料特性，谨慎储存成品。

⬆ 模型零部件涂装

⬆ 画笔涂装

a：对于粗糙且细小的配件，可以采用细棉签蘸涂料后涂装；采取揉压的方式能将涂料压入粗糙的缝隙中。
b：对于色彩丰富的建筑模型，可以采取绘画的方式，对丙烯颜料调色后再涂装，色彩变化更丰富。

小贴士

涂饰处理细节

建筑模型通常需分别上色。如果同一零部件需要上两种色，则应当先明确色彩比例，再在模型零部件上标示出来。喷涂一边色彩时，另一边应用胶布遮盖住。建筑模型中的窗框、栏杆、家具等小部件，喷涂前应先用胶带纸加以固定，并注意使用喷枪喷涂建筑模型前，应确保工作环境的通风性，并确保地面没有灰尘，喷枪的喷嘴内部没有残余的涂料等。

6.5 协调建筑模型配景与主体建筑

建筑模型中的配景包含很多内容，如车辆、花草、家具、水景、路灯等，制作时要协调好配景与主体建筑之间的关系。

6.5.1 根据整体比例制作配景

不同比例模型配景所表现的重点是不同的。在制作建筑模型配景时，要根据整体比例来选择材料制作配景，以下主要介绍树木、人物、交通工具等配景的制作方法。

树木

人物

左：对于用量较大的树木，多为购置成品树干后，再于树干表面喷胶，蘸绿色泡沫粉，这样能降低制作成本。

右：人物多为 3D 打印。具体三维模型可以上网下载或购买电子素材文件，特殊人物造型才会采用泥塑方式制作。

6.5.1.1 树木

建筑模型中树木的种类较多，主要如下。

（1）球形树木。应用比例为（1：1000）~（1：100），主要使用软木球、橡胶球、钢丝绒、聚苯乙烯发泡球、纸球等来制作。

（2）球形圆柱体树木。应用比例为（1：200）~（1：100），主要使用有机玻璃板或木材加工成圆棒形制作。

（3）伞状树冠形树木。应用比例为（1：100）~（1：50），主要使用金属线或质地纤细的筛网丝或纤维泡沫等来制作，应注意确保造型的准确性。

（4）金属线树木。应用比例为（1：100）~（1：50），主要使用老虎钳将金属丝捆紧，再用钻孔机的套筒使金属丝紧紧缠绕在一起，最后将树冠部位的金属丝弯曲成设计所要求的形状。

（5）金属丝布树木。应用比例为（1：100）~（1：20），主要使用金属丝布，根据图纸在金属丝布上切割需要的形状，再在金属丝布中间插上已捆紧的金属丝。最后，根据需要进行必要的修整。

（6）销钉树木。应用比例为（1：1000）~（1：500），主要使用大小适中的销钉代表树木群落，注意控制好销钉之间的间距。

6.5.1.2 人物

建筑模型中人物的制作材料较多，如硬泡棉、纸质材料、有机玻璃板、黏土、金属丝、木板、棕树针叶、规格较小的销钉等。

（1）硬泡棉人物。应用比例为（1∶100）~（1∶50），先将硬泡棉切割成条状，再将其切割成片状，利用大头针将硬泡棉片连接在一起。最后，用剪刀剪裁出人物的基本轮廓。

（2）纸质人物。应用比例为（1∶100）~（1∶50），这种人物形象比较抽象，主要使用白色的纸张或者其他具有褶皱感的有色纸张和大头针等制作而成。

（3）剪影人物。应用比例为（1∶50）~（1∶20），将杂志或摄影照片上的人像导入计算机内，通过计算机调整其比例，然后再打印、粘贴到厚纸张或有机玻璃板上；并根据人物轮廓，对其进行剪裁。

6.5.1.3 交通工具

交通工具的精确度较高，所需要表现的细节比较多，多用于（1∶200）~（1∶50）的建筑模型中；通常会直接选择交通工具成品件，也可自行制作。

自行制作交通工具模型时，首先要明确交通工具的比例和轮廓特点，然后再选择合适的交通工具侧立面与平面图，并对其进行缩小或放大处理，接着便可将交通工具的轮廓转印到木板或纸板上。最后，用锯切的方式将交通工具的轮廓切割下来，修整后置于建筑模型合适的位置即可。

⬆ 纸质人物（刘静）

⬆ 交通工具成品件

左：纸质剪影形态的人物制作起来比较消耗时间，但是在概念模型中能营造出另类的视觉效果。
右：交通工具多为购置的成品件，价格较高；也可以根据需要进行 3D 打印。

6.5.2 平衡环境配景与建筑比例

对于单件形体较小的建筑规划模型，要侧重表现主体建筑的形态、材质、设计情感等，配景中的绿地和行道树要分区域设置，建筑与建筑间的楼间树的造型也应简单化处理。建筑模型与环境配景之间的比例关系要协调，环境配景和主体建筑在宏观上要具备统一性。还应根据总体布局和实际绿化面积来设计树木、花草等的造型，并注意树木、花草等配景的形态要具备美感。

6.5.2.1 单体或群体建筑模型配景

对于比例较大的单体建筑模型或群体建筑模型，在制作配景时，要选择合适的比例。树木、花草等的表现形式应当更简洁，要能与主体建筑有效区分，不可喧宾夺主，应平衡配景色彩；树木、花草等的形态应当参考主体建筑的比例、制作深度、体积大小等来制作。

6.5.2.2 别墅模型配景

对于比例较大的别墅模型，在设计配景时要注重氛围的营造，树木、花草等配景的表现形式可以趋向新颖化和活泼化设计。配景与主体建筑之间要给予公众一种温暖、和谐的感觉；同时，在树木、花草等配景的选择上可以适当添加些亮色，达到满足美化别墅模型的视觉要求。

（a）整体效果

（b）成品树木

⬆ 单体建筑配景（张博）

a：概念建筑的配景应尽量简洁，强调建筑模型的空间构成与建筑形体特征；如果模型周边环境较少，可以采用成品树木来点缀模型。

b：成品树木的比例较小；对于结构简单的建筑模型，应当根据树木的比例来确定模型比例。

（a）单体别墅模型

（b）中式传统院落别墅模型

⬆ 别墅模型配景

a：商业模型的配景应当丰富多样，尽量写实。但是，绿化植物不能遮挡主体建筑的形态构造，尤其不能遮挡透明外墙结构。

b：中式传统院落中的绿化树木形态各异，应选用多种形态的树木相互穿插，避免因品种单一而破坏建筑风格。

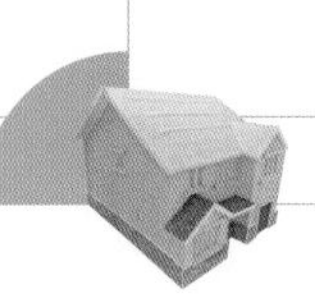

6.6 图解建筑模型手工制作步骤

建筑模型手工制作能够反映模型设计师的动手能力和思维能力，主要步骤是：收集各种资料→绘制合适比例的图纸→选择合适的材料和工具→根据设计图纸加工材料→模型零部件粘接→模型修整与保养。

6.6.1 收集各种资料

资料收集是为了让建筑模型更加数据化，收集的资料主要为同类型建筑模型设计图纸，如平面图、剖面图、细节详图等。这类图纸能为建筑模型设计提供灵感，也能为手工制作提供参考。

注意搜集建筑模型所处区域的周边情况，需熟悉并了解模型材料的市场情况，如材料价格和材料规格等，并选择合理的色彩搭配方案，包括整体配色和局部配色等。

⬆ 同类型建筑模型设计图纸

⬆ 建筑模型周边环境

左：同类型建筑模型图纸能够为手工制作建筑模型提供比较有利的科学根据，包括提供制作经验、色彩搭配经验、配景与主体建筑如何布局等经验等。

右：通过分析建筑模型中建筑所处区域的交通情况、水域情况、建筑层高和布局情况等，能够更明确建筑模型的设计比例与周边配景的比例和布局。

6.6.2 绘制合适比例的图纸

图纸比例要与模型比例一致，且应根据需要将图纸比例缩放至建筑模型需要的比例尺寸，并审核图中尺寸，确保模型内各结构尺寸没有任何错误，才可将其复印至建筑模型底板上。图纸绘制还要符合规范，使用计算机软件如 Auto CAD 绘制图纸时，图中的图形尺寸和图层、线段等的设置都要符合制图标准。

6.6.3 选择合适的材料和工具

图纸绘制结束便可根据建筑模型的规格、质感和所要表达的设计情感等来选择合适的材料，并根据材料选择合适的手工工具。

(a) 反光铝箔纸

(b) 手工工具

提前准备好材料和工具

a：材料品种与工具尽量齐备，甚至要多准备一些。在大多数模型制作过程中，对于特殊材料，应当精确计算用量。例如，反光铝箔纸价格较高，应当根据设计需要进行选购。

b：手工工具价格低廉，应尽可能搭配齐全，能多次反复使用。

6.6.4 根据设计图纸加工材料

使用纸质材料制作主体结构时，可以先将模型图纸打印出来，然后粘贴到纸板上；再使用裁纸刀、勾刀或美工刀等工具将模型的零部件剪切下来，最后根据图纸进行组合和粘贴。

如果选用厚度较大的泡沫板或瓦楞纸等，则裁切材料时要处理好面与面之间相接的部分，且切割材料边缘时应沿 45° 角切割。

加工材料时要有先后顺序，首先加工出主体建筑的外墙及屋顶面等部件，然后再加工出细部构件。最后，再将这些零部件粘贴、组合到一起。

6.6.5 模型零部件的粘接与组合

模型零部件的粘接与组合是手工制作建筑模型中比较重要的部分，直接影响建筑模型呈现的视觉效果；要根据效果图与平、立面投影图来组装、粘接模型的零部件。

6.6.6 模型修整与保养

手工制作建筑模型完成后，还需对其表面做适当的修整；要保证模型表面的洁净，应当将模型放置于干燥环境中，并定期保养。

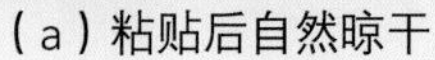

（a）粘贴后自然晾干

（b）靠近窗台处放置

⬆ 粘贴、组合完毕的建筑模型

a： 各种胶水完全固化的时间约为 3 小时，在此期间模型应当放置在安全位置。

b： 自然光照可使胶水快速收缩。但是，不能将模型置于流动空气中，以防局部干燥过快后发生翘曲。

小贴士

建筑模型的保养方法

1. 建筑模型的灯光最好间隔两个小时关闭一次，且应当将建筑模型置于洁净和通风的环境中。
2. 避免在太阳下暴晒建筑模型，因会影响模型材料之间的稳固性；对于模型表面的色彩，也会有所影响。
3. 建筑模型如果置于室内，则室内的温度应当小于 35℃，湿度应当控制在 30%～80%之间，以免出现脱胶和变形的状况。

6.6.7 手工制作建筑模型实例

手工制作建筑模型时外观应追求形体端庄，切割精细；还可适当搭配有色材料为模型增添视觉对比效果。

在正式制作模型之前，要预先设计好图纸，并将图纸按比例打印出来，打印后可以随时查看图纸上的数据尺寸。即使没有标注，也可以根据比例关系来进行测量和计算，得到准确的数据。为了便于模型制作，应注意制作模型的基础底板要处于平层状态。

6.6.7.1 住宅概念模型制作

住宅概念模型的表现目的是研究建筑造型的构造可行性，需要将物理结构与建筑创意结合起来进行分析。建筑模型应尽量简洁、精细，采用最少的材料来表现出丰富的色彩对比。

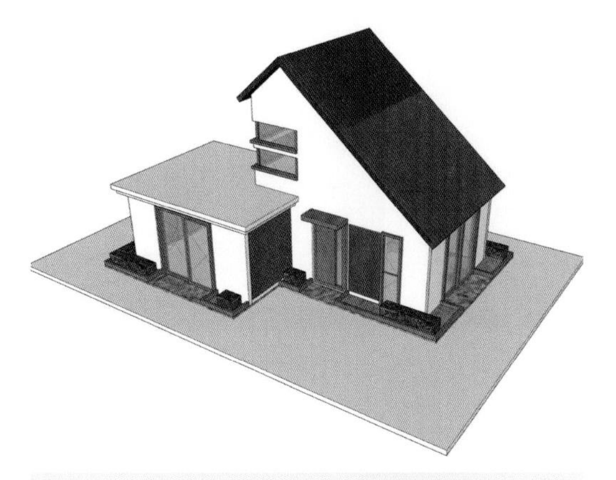

(a)前立面鸟瞰图

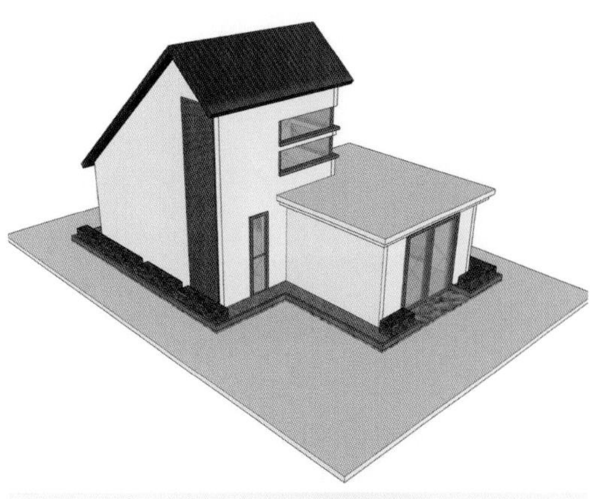

(b)后立面鸟瞰图

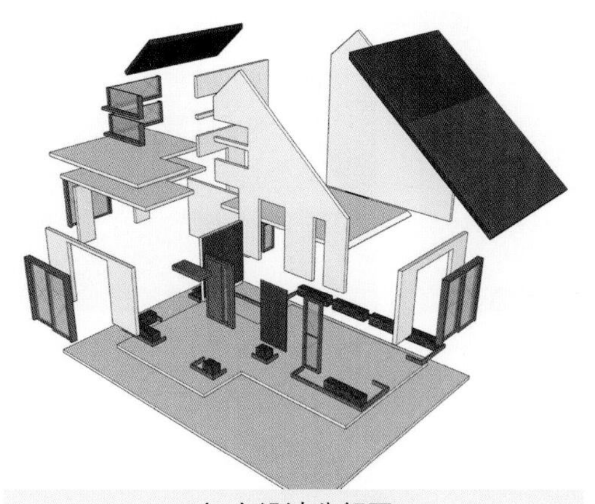

(c)设计分解图

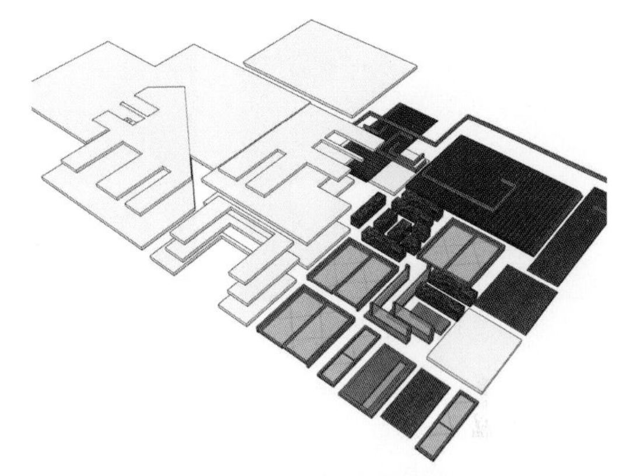

(d)板料平铺图

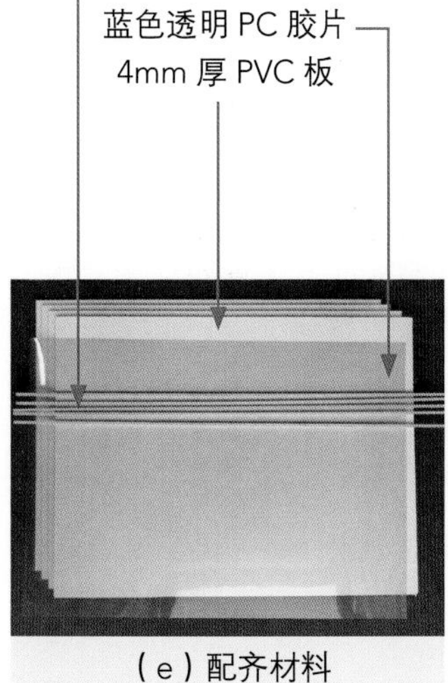
边长 3mm 木条
蓝色透明 PC 胶片
4mm 厚 PVC 板

(e)配齐材料

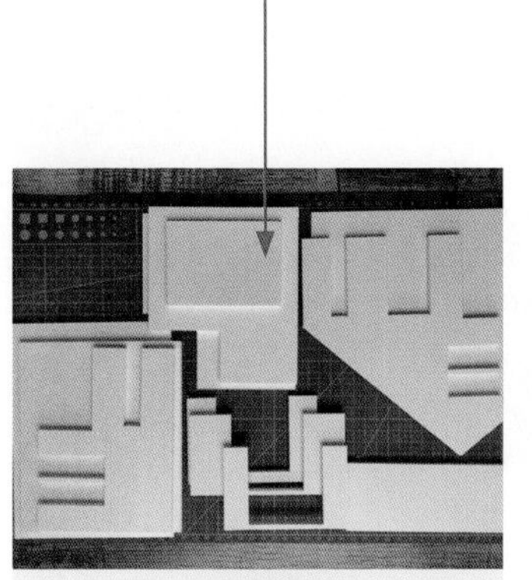
将 PVC 板裁切成型。

(f)板料裁切

采用木条制作门窗边框，
粘贴蓝色透明 PC 胶片。
将牙签粘贴在硬纸板上，
两端裁切整齐。
蓝色瓦楞纸裁切精准。

(g)构件制作

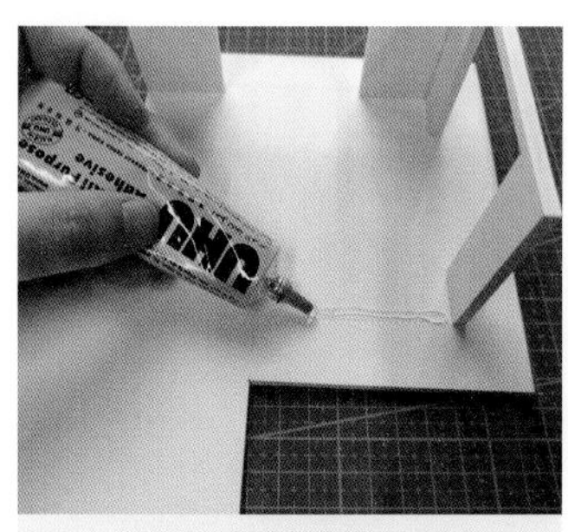
（h）制作墙体构造

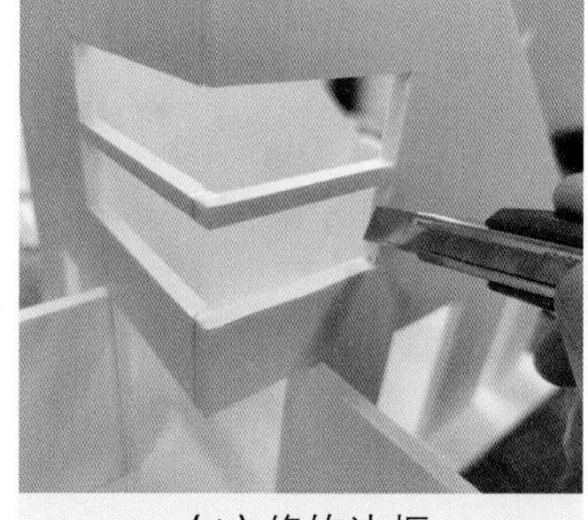
（i）修饰边框

（j）建筑基础构造完成

h：采用模型胶粘贴裁切好的 PVC 板至底板上。
i：用美工刀仔细修切门窗框边缘，直至方正、平整。
j：基础构造制作完毕后，仔细检查各局部细节，力求平整、端庄。

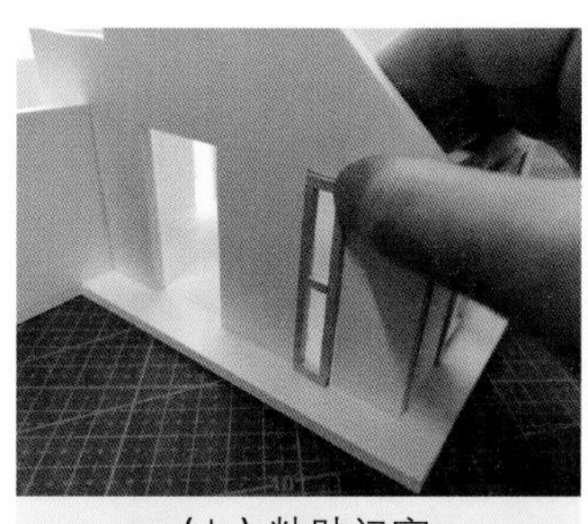
（k）粘贴门窗

（l）粘贴门窗完成

（m）封顶

k：将制作完毕的门窗构件粘贴至门窗洞口中，局部用少量模型胶粘贴。
l：门窗安装完毕后，仔细检查是否存在漏光，局部用模型胶修补。
m：封闭顶面之前，再次检查内部构造，确定无误后粘贴顶棚板材。

蓝色瓦楞纸粘贴至 4mm 厚 PVC 板上。
边长 3mm 木条制作门窗边框。
蓝色透明 PC 胶片制作门窗玻璃。
牙签制作外墙装饰构造。
4mm 厚 PVC 板制作建筑主体。
草坪纸制作绿化花坛。

（n）制作完成

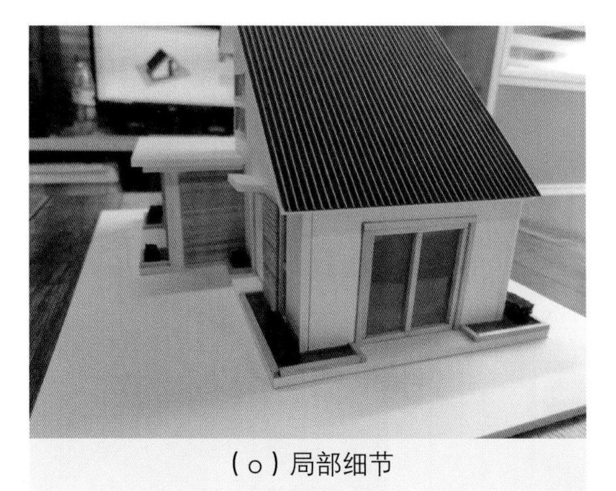

（o）局部细节

（p）局部细节

⬆ 住宅概念模型（王璠）

6.6.7.2 现代办公建筑概念模型制作

现代办公建筑多采用简约风格，追求直线形体构造，弱化装饰细节。在概念模型中，要严格把控尺寸与比例，将每一处构造制作精细。

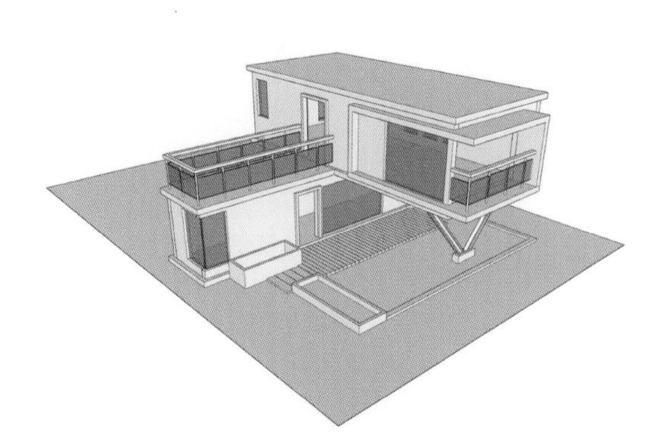

（a）前立面鸟瞰图

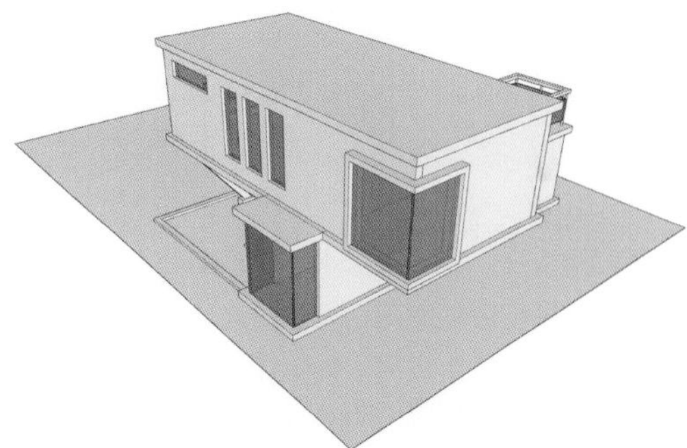

（b）后立面鸟瞰图

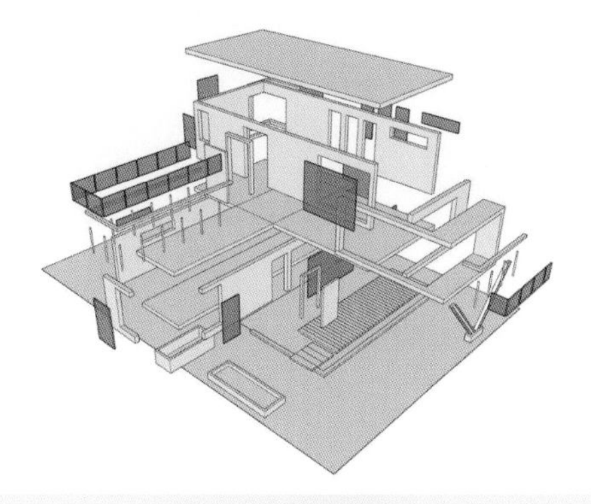

（c）设计分解图

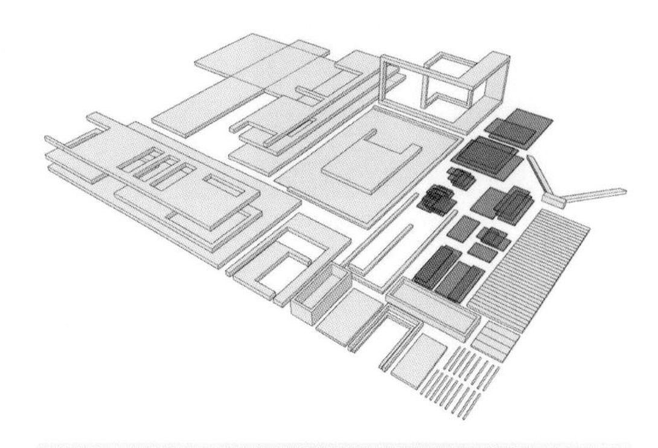

（d）板料平铺图

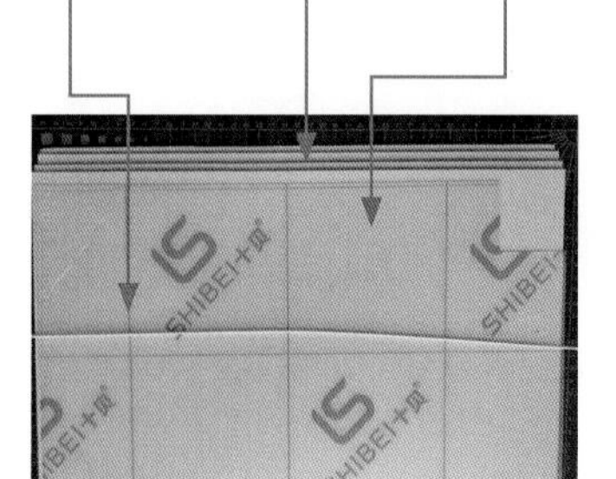

边长 3mm PVC 条
透明 PC 胶片
4mm 厚 PVC 板

（e）配齐材料

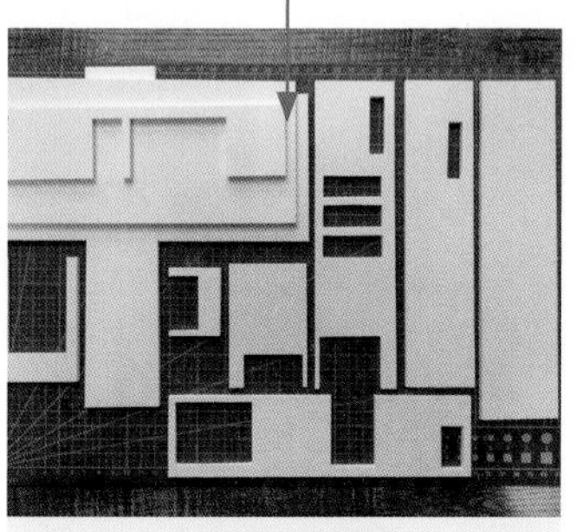

将 PVC 板裁切成型。

（f）板料裁切

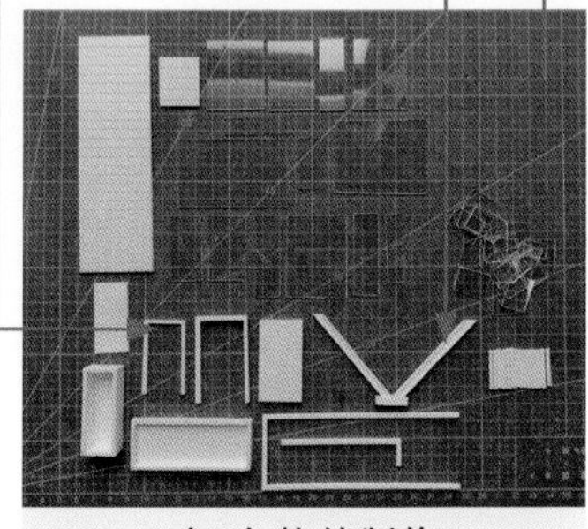

采用 PVC 条制作门窗边框。
裁切透明 PC 胶片制作门窗玻璃。
裁切 PVC 板作为建筑支撑构造。

（g）构件制作

（h）制作墙体构造

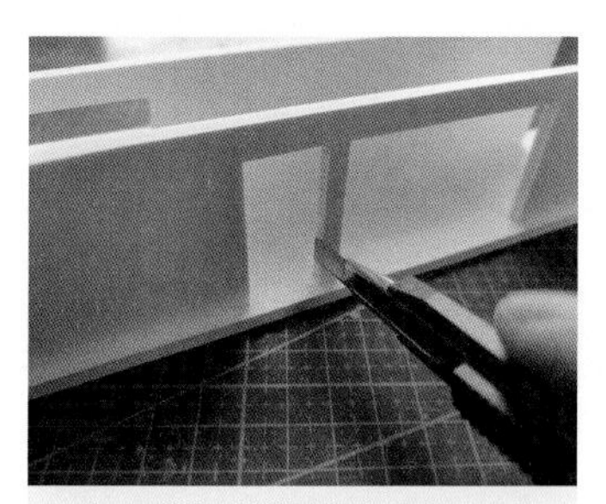
（i）修饰边框

（j）建筑基础构造完成

h：采用模型胶粘贴裁切好的 PVC 板至底板上。
i：用美工刀仔细修切门窗框边缘，直至方正、平整。
j：基础构造制作完毕后，仔细检查各局部细节，力求平整、端庄。

（k）粘贴门窗玻璃

（l）粘贴门窗边框

（m）封顶

k：将裁切完毕的透明 PC 胶片粘贴至门窗洞口中，局部用少量模型胶粘贴。
l：将裁切完毕的 PVC 板料构件粘贴至门窗洞口上，作为门套边框；门窗安装完毕后，仔细检查是否存在漏光，局部用模型胶修补。
m：封闭顶面之前，再次检查内部构造，确定无误后粘贴顶棚板材。

4mm 厚 PVC 板双层顶面造型。
边长 3mm PVC 条制作栏杆。
透明 PC 胶片制作栏杆、门窗玻璃、模拟水面。
4mm 厚 PVC 板裁切造型，制作建筑支撑构造。

（n）制作完成

（o）局部细节

（p）局部细节

现代办公建筑概念模型（王璠）

6.6.7.3 木构件建筑概念模型制作

木构件建筑概念模型多采用木质梁架制作主体。该建筑模型所要表达的是木质梁架的支撑结构与力学性能，制作模型时要精确计算木质梁架的安装数量与密度，形成结构美，并体现端庄、稳固的设计理念。

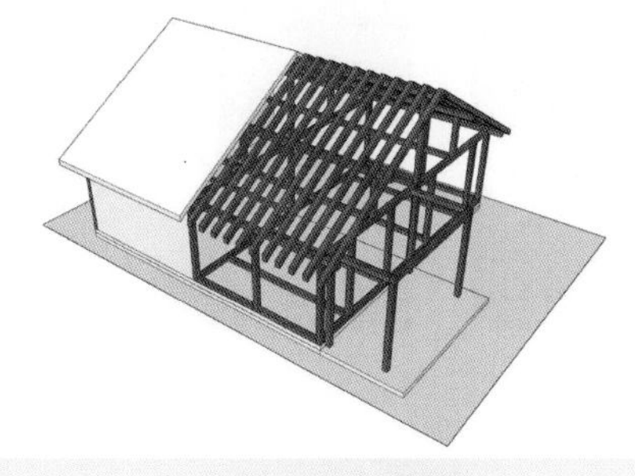

（a）前立面鸟瞰图

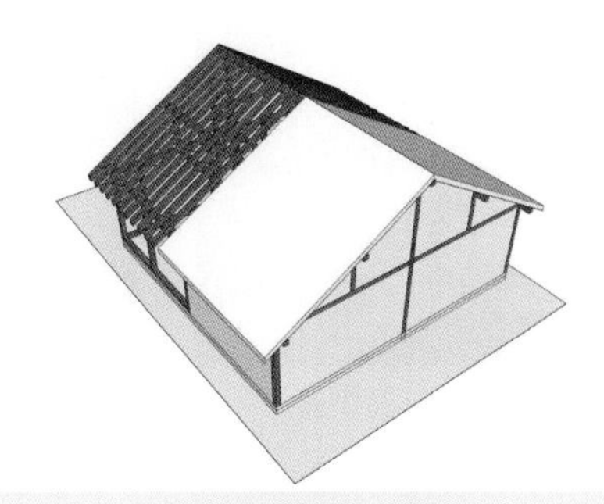

（b）后立面鸟瞰图

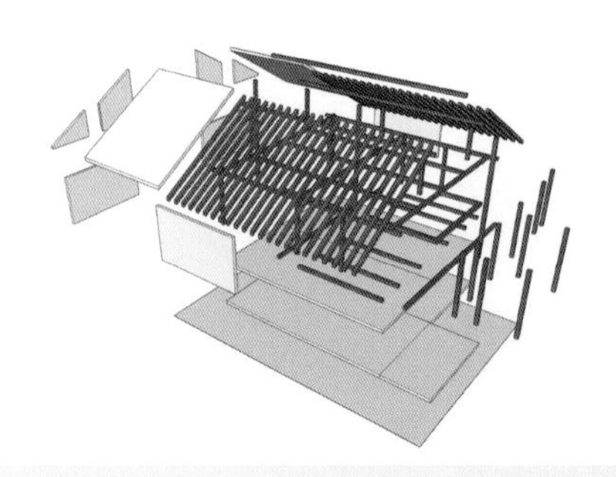
（c）设计分解图

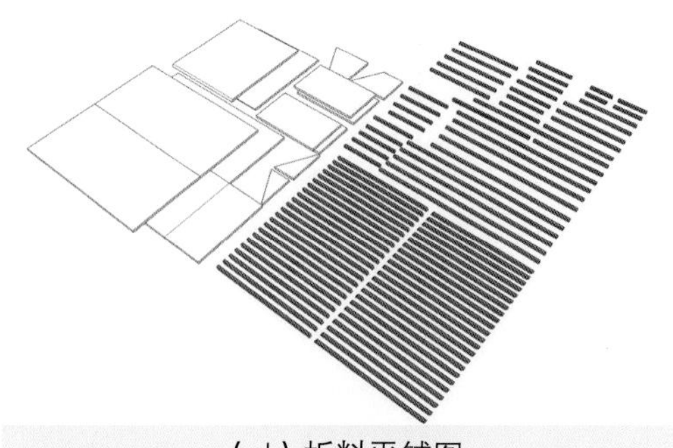
（d）板料平铺图

边长 6mm 木条
4mm 厚 PVC 板

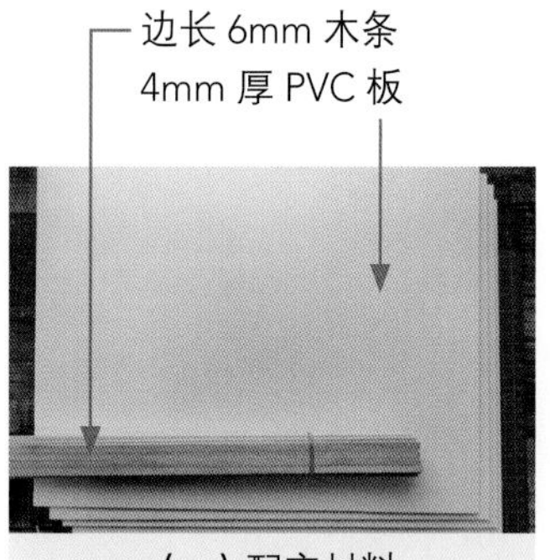
（e）配齐材料

将 PVC 板裁切成型。

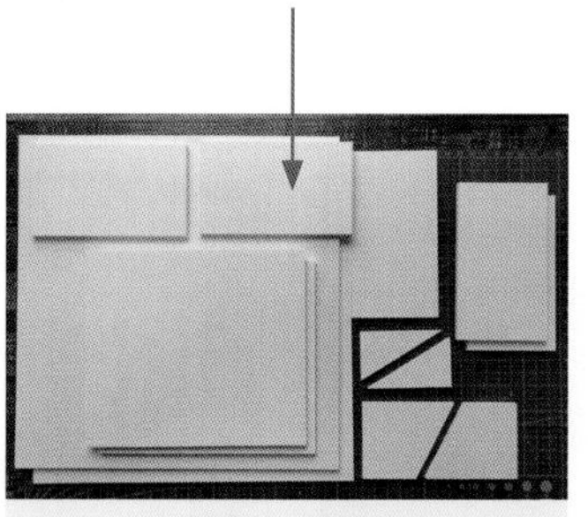
（f）板料裁切

将木条根据设计规格裁切成型。

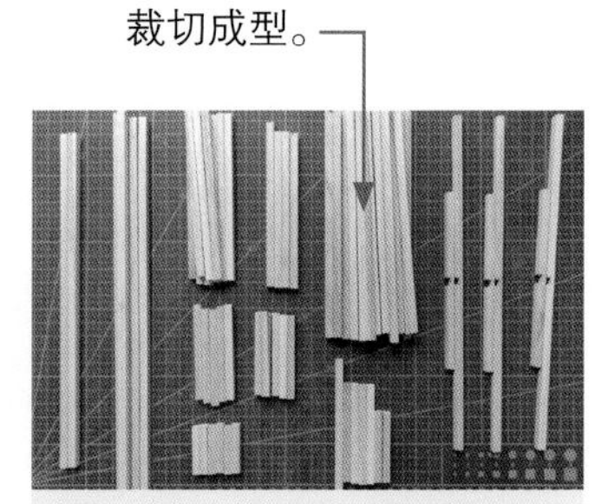
（g）木条裁切

（h）制作基础骨架

（i）修饰骨架

（j）建筑骨架构造完成

h：采用模型胶粘贴裁切好的木条。
i：用美工刀仔细修切构架边框衔接处，直至方正、平整。
j：基础构造制作完毕后粘贴至底板上，并检查各局部细节，力求平整、端庄。

（k）砂纸打磨平整

（l）粘贴屋顶檩条

（m）檩条安装

k：采用砂纸打磨，粘贴构造局部，直至平整。
l：将檩条端头（角度为 30°）打磨后，对接粘贴。
m：将檩条安装粘贴至屋顶上，保持平行。

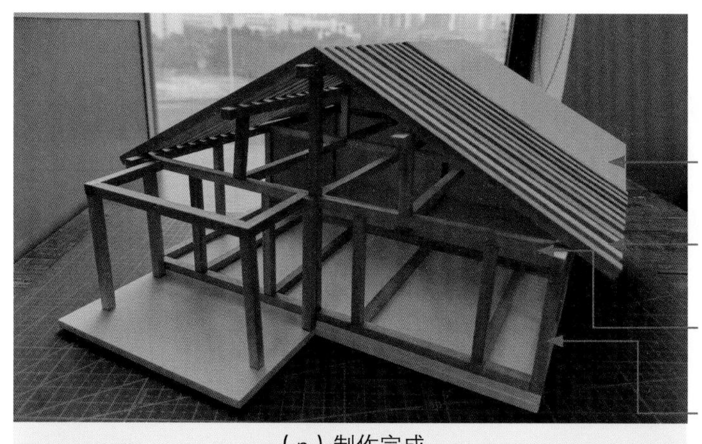

4mm 厚 PVC 板制作顶面造型。
边长 6mm 木条制作屋顶檩条。
边长 6mm 木条制作梁架。
4mm 厚 PVC 板制作底板。

（n）制作完成

（o）局部细节

（p）局部细节

木构件建筑概念模型（王璠）

6.6.7.4 住宅饰面模型制作

通过贴纸来表现建筑模型外部材质的色彩、纹理，是手工模型制作的最佳表现方式之一。建筑模型中的主要材质集中在屋顶、外墙饰面，可通过直接拍摄或网络下载相关材质纹理图片后，采用计算图形图像软件进行处理，拼接成完整图片；再通过打印机输出，粘贴到建筑模型外表面，形成较真实的视觉效果。

（a）前立面鸟瞰图

（b）后立面鸟瞰图

（c）设计分解图

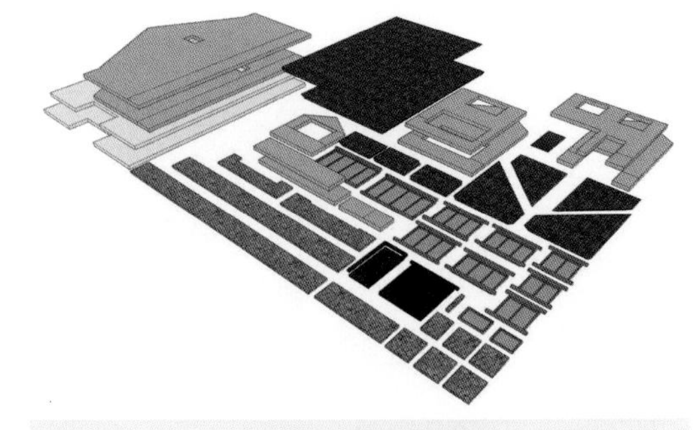

（d）板料平铺图

将 PVC 板裁切成型。

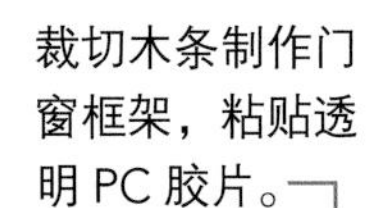

裁切木条制作门窗框架，粘贴透明 PC 胶片。

裁切 2mm 厚 PVC 板制作建筑墙裙。

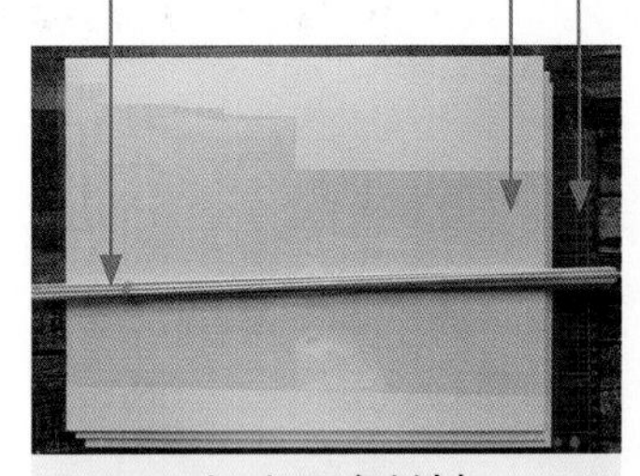

（e）配齐材料

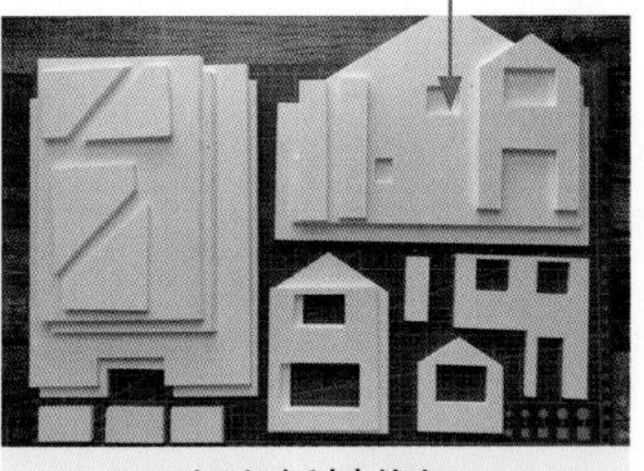

（f）板料裁切

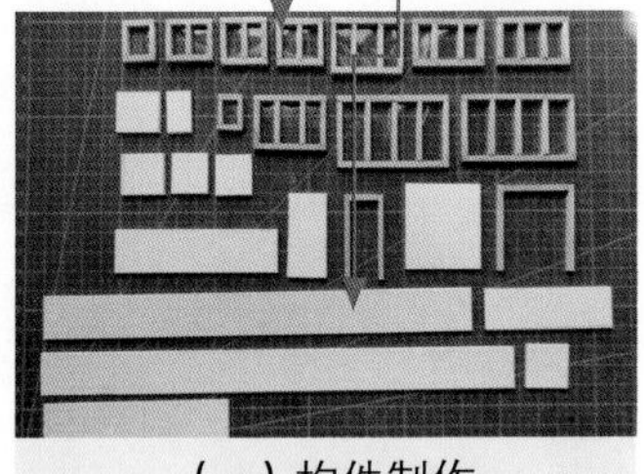

（g）构件制作

（h）外墙砖纹贴图

（i）墙裙石材贴图

（j）屋顶贴图

（k）门与地面贴图

（l）打印贴图

（m）粘贴墙体

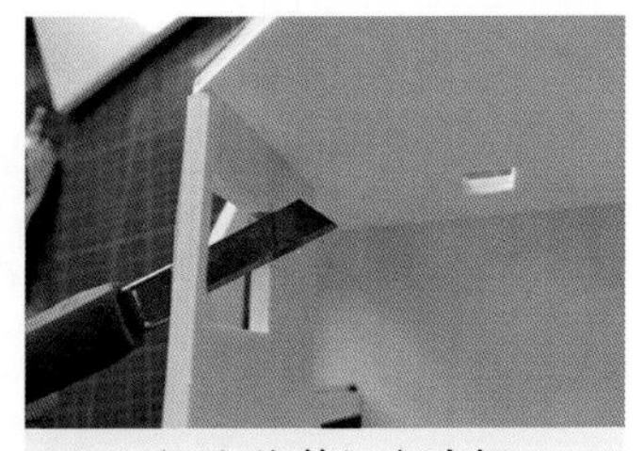

（n）修整门窗边框

l：采用喷墨打印机将设计完成的贴图打印出来，根据需要打印不同数量的贴图。

m：采用模型胶粘贴裁切好的 PVC 板料，将其组合成建筑墙体构架。

n：用美工刀仔细修切门窗边框，直至方正、平整。

（o）制作基础构造

（p）安装门窗边框

（q）建筑构造制作完成

o：基础构造制作完毕后粘贴至底板上，并检查各局部细节，力求平整、端庄。
p：采用模型胶粘贴裁切好的门窗边框木条，粘贴建筑外墙贴纸。
q：装饰贴纸可以一边粘贴，一边组装，以保持垂直角度。

（r）制作完成

4mm 厚 PVC 板制作顶面造型，粘贴屋顶装饰贴纸。

边长 6mm 与边长 3mm 木条配合制作门窗边框，内部粘贴透明 PC 胶片。

建筑外墙粘贴砖纹贴纸，精细修饰边角。

2mm 厚 PVC 板制作墙裙构造，粘贴墙裙石材装饰贴纸。

（s）局部细节

（t）局部细节

⬆ 住宅饰面模型（王璠）

6.7 手工建筑模型视频

6.7.1 仿真场景微馆建筑模型制作

6.7.2 办公空间室内建筑模型制作

6.7.3 复式住宅室内建筑模型制作

6.8 手工建筑模型赏析

本章小结

制作手工建筑模型不仅需要花费精力和时间，同时还需要设计师具有较好的手工操作能力和严谨的逻辑思维，并能从宏观和微观方面进行综合考虑。设计师要有纵览全局的大局观，能从建筑模型的细节处逐渐深入，尽早发现建筑模型设计、制作的漏洞；并利用自身所学知识不断完善建筑模型，使其最终成为一件兼具艺术美和设计美的建筑模型作品。

第7章

建筑模型机械加工实战详解

识读难度 ★★★★☆

重点概念 雕刻机、机械加工、装配、修饰、制作步骤

章节导读 使用机械设备加工建筑模型是当今时代发展的需要，能更深入地体现模型的艺术特色和特征。为了使建筑模型更具备专业性、精致性、创造性等，设计师必须要具备较强的概括力、观察力、想象力，对于机械加工的基本技法应当十分了解，才能创造出完美的建筑模型。

⬆ 采用机械加工的建筑模型

⬅ 采用机械加工的建筑模型制作，是在手工制作的基础上，对主体模型构件进行的机械加工，包括建筑主体、地面造型等；绿化、车辆、人物等配景多采用购置的成品件。这些构件最终还是通过人工进行组装。虽然从本质上来看，还是属于人工制作，但是机械切割精准度、加工效率的提高，对模型品质的提升有很大帮助。

7.1 做好准备工作

在制作之前，同样需要仔细研究建筑模型的设计图纸，并根据设计主题和设计特色准备好相应的模型材料和工具设备。

7.1.1 建筑模型设计图纸分析

分析建筑模型设计图纸的目的在于研究建筑模型的结构组成、空间透视关系、周边环境关系、比例等。此外，通过图纸分析，可在切割材料和组装模型构件时更具科学性。

（a）计算机模拟建模

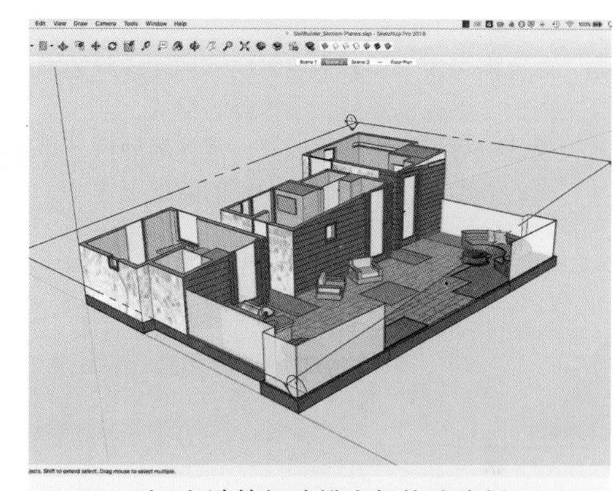

（b）计算机建模内部构造分析

⬆ 分析建筑模型效果图

a：建筑模型的 3D 透视图多采用 Sketch Up（草图大师）软件制作。该软件结构简单，效率高，并且不追求逼真的光影、贴图效果，能清晰表现建筑结构之间的关系。

b：对模型内部构造进行解析时，可通过多角度剖切后展示其内部结构，有助于形态与空间分析。

7.1.2 准备好工具设备和材料

采用机械加工建筑模型的材料种类较多，除基础木料、塑料、玻璃、金属外，还需准备不同规格的海绵、背胶纸、粗鱼线、电线（铜线和铜丝）、漆包线（直径 0.5mm）、绒线末、涂料、绒面墙纸、胶黏剂、树木模型、干花、发胶、小彩灯、车辆模型、路灯模型、路牌模型、围栏模型和其他种类的装饰模型等。

机械加工时所需的工具可以根据所选模型材料来定，主要包括喷砂机、磨光机、曲线锯、钻孔机、锯条刀、抛光机等。常用设备包括雕刻机、喷印机、3D 打印机，常用设计软件则包括 Auto CAD 软件、犀牛软件（Rhinoceros）、Sketch Up 软件等。

曲线锯

喷砂机

左：曲线锯可用于切割金属材料和质地较厚的木质材料，它主要由减速齿轮、串激电机、往复杆、平衡板、底板、开关、调速器等组成。
右：喷砂机可细分为干喷砂机、液体喷砂机、冷冻喷砂机、环保型喷砂机等，主要可用于模型工件表面的清理工作和工件喷漆前的处理工作。

7.2 全面了解雕刻机

雕刻机的种类丰富，功率较大的雕刻机用于雕刻时比较精细，且板材表面无明显锯齿，板材底面轮廓清晰，平整光滑；用于建筑模型制作的雕刻机使用频率较高。

7.2.1 雕刻机功能和特点

雕刻机的使用是与计算机软件紧密相关的。为了更好地操作雕刻机，对于雕刻机的相关性能与特点应有所了解。

7.2.1.1 雕刻机的系统功能

雕刻机系统主要功能，具体见表 7-1。

表 7-1　雕刻机系统主要功能一览表

系统功能	功能含义	系统功能	功能含义
标题栏	显示当前开启的 NC 程序文件名和系统的标题名	轨迹跟踪区	显示程序文件加工轨迹，并对其实时跟踪；同时，对 NC 程序文件的图形进行预览、跟踪
工具条	显示操作系统的主要功能	代码跟踪区	显示当前所开启的程序代码

续表

系统功能	功能含义	系统功能	功能含义
坐标跟踪区	显示当前系统的坐标及其坐标移动轨迹	参数设置控制区	常用参数调整设置和系统控制
状态显示区	显示当前系统的工作状态	状态栏	显示是否触发轴限位和当前所开启文件的格式，以及当前所开启图档的边值属性等
系统控制区	对自动加工进行控制		

7.2.1.2 雕刻机性能与特点

（1）雕刻机为整体钢架结构，具有比较好的结构刚性，操作时比较平稳。

（2）雕刻机能够接收绘图指令和数控加工指令，每一款雕刻机都有自己相应的雕刻软件，使用时需要对建筑模型图纸的格式进行转换，使模型图纸能被识别。

（3）雕刻机具有较高的运动精度，且传动机构的稳定性也比较强，能够快速且准确雕刻出建筑模型所需的形状。雕刻机还具有标准夹头，应当选择合适的雕刻刀具或铣刀配套使用。

（4）雕刻机的变频器需配套功率较大的高速主轴，这样系统才能按照指令准确操作。

⬆ 雕刻机

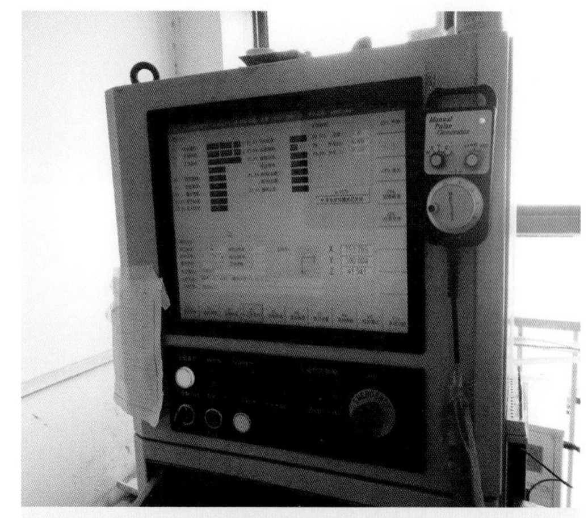
⬆ 雕刻机调试界面

左：小型雕刻机占地面积小，雕刻速度快，适用于中小模型企业；使用时，应当将模型图纸分解到相应规格的板料上，经过精确排料后再进行雕刻。

右：虽然每种雕刻机的操作软件有所不同，但是大都能接受.dwt 或.eps 格式的图形；通过 U 盘输入雕刻机中，可在雕刻机的操作界面上编辑、输出，完成快速雕刻。

7.2.2 雕刻机使用方法

雕刻机功能较多，在使用时要协调好使用环境和加工环境，并做好日常保养、维护工作。

7.2.2.1 雕刻机使用环境

雕刻机属于比较高科技化的机电一体化设备，使用时应避免将具有强电、强磁等特征的设备，如电焊机和发射塔等与雕刻机置于同一空间内，从而严重影响雕刻机的信号传输。

雕刻机应当使用单相三线电源，且必须配置接地线，这也能减少其他设备对雕刻机的干扰。雕刻机使用时的电压还需符合规定，电压要避免大幅度波动，最好选用稳压器来维持电压平衡。

雕刻机使用时，需将其置于干燥、通风且洁净的工作环境中，同时雕刻机不可在强酸和强碱环境中长时间工作。

雕刻机使用环境

7.2.2.2 软件使用

雕刻机所选用的软件多为雕刻机所指定的配套软件，设计图纸最初都由 Auto CAD 软件绘制。为了将 Auto CAD 的默认保存格式.dwg 转化成雕刻机识别的格式，大多数雕刻机会提供格式转换软件。如果没有提供相关软件，大多数雕刻机是可以识别.eps 格式的，只要在 Auto CAD 软件中将图纸直接保存为.eps 格式即可。

需要注意的是，雕刻机在运行中会雕刻出图纸文件中的所有图形，一定要在保存时仔细检查，并删除不必要的图形和文字，以免浪费雕刻材料。

7.2.2.3 加工操作

（1）操作人员。雕刻精度如何，与操作人员的细心程度和对雕刻机操作的熟练程度有很大关系。

（2）刀具。雕刻机的加工精度与雕刻机刀具本身的特性和材质有很大关系，选择适合加工的刀具才能有效提高建筑模型的雕刻精度。

（3）加工工艺。雕刻机加工工艺也与模型的加工精度有关。在使用雕刻机时，要保证加工工艺的合理性。

7.2.2.4 保养和维护

由于雕刻机加工时会产生较多粉尘，因此在日常使用中还需定期做好雕刻机的清洁工作。尤其是要定期对光杆、丝杆等部位进行清洁和润滑；如发现有质量问题，应及时更换。

⬆ 雕刻机专用刀具

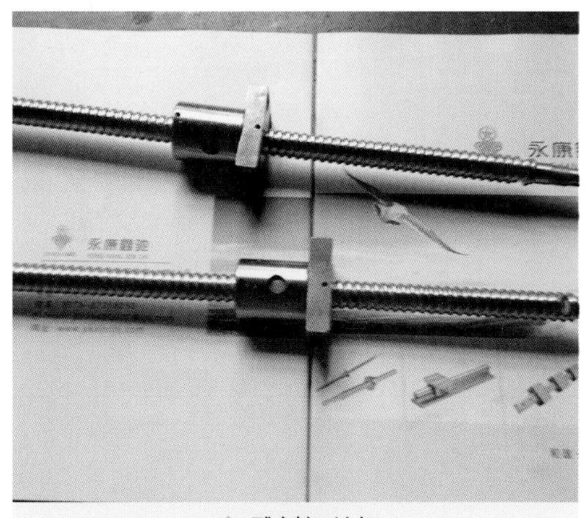

⬆ 雕刻机丝杆

左：雕刻机常用刀具分为四种：平底尖刀、直刀（柱刀）、螺旋铣刀和 3D 异型刀。每一种刀具的刀尖宽度 、柄径、总长等参数各不相同。在挑选雕刻机刀具时，要根据需求选择合适的刀具。

右：雕刻机一般有两种：一种是丝杆机；另一种是齿条机。丝杆机的速度没有齿条机快，但加工精度比齿条机高。在完成建筑模型制作时，为了保证模型制作的精度，常选用丝杆机。

7.3 3D 打印技术

3D 打印技术是当前比较热门的技术，该技术使得模型的制作效率有了显著提高。本节将主要介绍 3D 打印机和 3D 打印笔。

7.3.1 3D 打印机

7.3.1.1 基本概念

3D 打印又称增材制造，是一种材料快速成型技术。3D 打印是以数字模型文件为基础，运用粉末金属或塑料等材料，通过逐层打印的方式来构造物体的技术。在建筑模型制作中，3D 打印机可以用于制作形体构造复杂的零部件。

7.3.1.2 制作过程

3D 打印机的设计过程是：先通过计算机建模软件建模，再将建成的 3D 模型“分区”成逐层的截面，即切片，从而指导打印机逐层打印；设计软件和打印机之间协作的标准文件格式通常是 STL 文件格式。该 STL 文件使用三角面来近似模拟物体的表面，三角面越小，其生成的表面分辨率越高；通常一台桌面尺寸大小的 3D 打印机就可以满足模型设计者的需要。

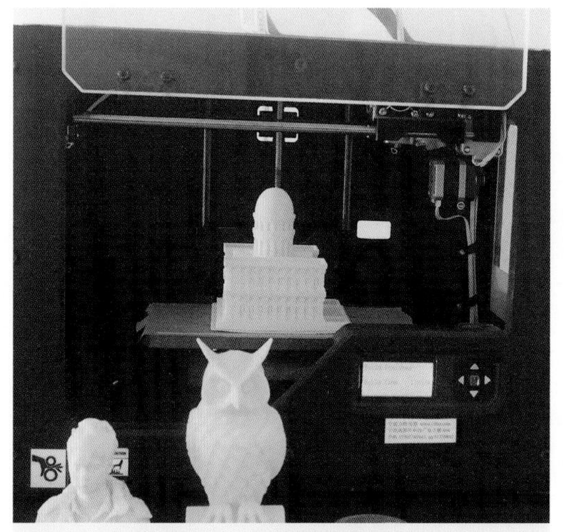

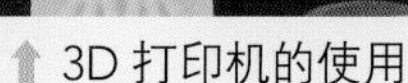
3D 打印机的使用

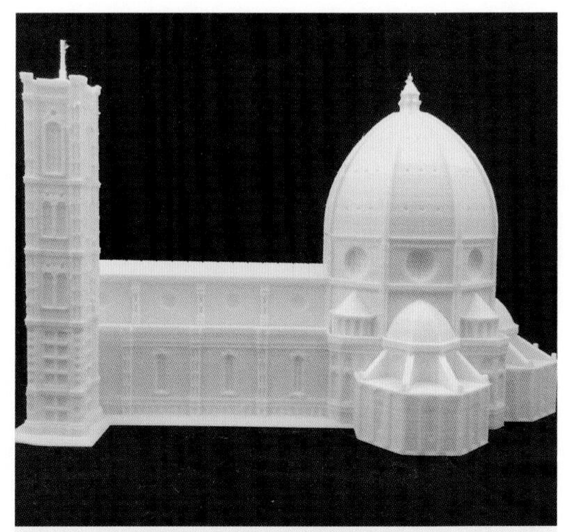

3D 打印机制作的建筑模型

左：3D 打印机的运行过程类似于传统打印机，只不过传统打印机是将墨水打印到纸质上形成二维的平面图纸；而 3D 打印机是将液态光敏树脂材料、熔融的塑料丝，以及石膏粉等材料通过喷射黏合剂或挤出等方式实现层层堆积叠加，形成 3D 实体。

右：利用 3D 打印机可以将设想和草图真实地表现出来，使设计真实可见。目前专业的 3D 打印机可以打印出高细节、表面平滑的建筑模型。

7.3.1.3 3D 打印机的特点与优势

3D 打印机使用时不必添加任何模具，只需连接计算机，导入图形数据便能快速生成任何形状的零部件。利用 3D 打印机制作建筑模型，不仅能够降低成本，减少材料浪费；同时，还能制作出更具创意和艺术美感的建筑模型。此外，与机械加工的建筑模型相比，使用 3D 打印机制作的建筑模型更轻，保存更方便，两种加工方式所制作的模型坚固程度基本上没有差别。

7.3.2 3D 打印笔

3D 打印笔携带方便，通电即可使用，比较适合于小型且结构不是过于复杂的建筑模型制作。3D 打印笔在使用前，设计师需要先理清建筑模型的设计图纸，然后再根据模型平面图绘制图形。需要注意使用 3D 打印笔制作建筑模型时，设计师应具有较好的手绘能力和想象力。

3D 打印笔

3D 打印笔制作的建筑模型

3D 打印笔耗材

左：3D 打印笔主要由电源孔、进料孔、电源指示灯、退料键、进料键、温度调节键、散热口等结构部件组成，通电使用时注意不要触碰笔尖。

中：3D 打印笔可喷射软质液料，在凝固过程中可形成线状造型，适用于表现造型复杂的框架建筑构造。

右：3D 打印笔的常用耗材主要有生物可降解材料即 PCL 材料、PLA 材料，以及 ABS 材料等。PCL 材料熔点较低，色彩鲜艳，且无毒、无味、可降解，可轻易造型，但这种材料不耐高温；PLA 材料具有耐高温、无毒、无味、不易收缩、不易变形等特点，适用于制作结构比较精细的模型，但这种材料柔韧性较差，且不耐冲击，使用该材料容易堵料；ABS 材料同样具有耐高温、可降解等特点，且该材料可塑性较强，强度较高，可用于制作结构比较精细的模型，唯一不足之处在于该材料冷却后容易收缩，使用时也会有异味。

7.4 机械加工方法

以机械加工建筑模型时，要求设计师能够熟练掌握各类机械加工设备的基本操作方法；对于制作工具，使用时应能得心应手；同时，还能统筹全局，使建筑模型更具完整性。

局部喷漆

合理布置绿植

左：小型构件采用双面胶或热熔胶临时固定在喷涂台面上，进行喷涂。
右：绿化时应当在主体建筑置入前制作到位，以免后期制作破坏主体建筑构造。

7.4.1 机械加工技巧

在以机械加工建筑模型过程中，要学会各种机械加工技巧，以便能及时调整机械设备的操作参数，制作出更精致的建筑模型。

7.4.1.1 选用合适的钳口

使用机械加工建筑模型时，要选用耐用性较强的软钳口；可以利用厚 1.5mm 的钢板和厚 0.8mm 的硬质黄铜板，配合埋头铆钉，将这两种板材与钳口固定在一起，从而形成钳口平齐，能够保护模型零部件的软钳口。

7.4.1.2 选用合适的旋具

旋具可用于紧固或拆卸模型构件上的螺栓或螺母。在机械加工时，要选择规格合适的旋具。当所选旋具着力点不足时，可利用内径比旋具略大一点的管，将其与旋具并为一体，并插入施工槽内，以增大扭矩，降低操作难度。

7.4.2 机械加工注意事项

7.4.2.1 保持操作界面的洁净

机械设备的工作桌面一定要处于比较干净的状态，备用的锯片、磨光片和钻孔备用物等可置于操作台旁待用，还要注意做好安全防护。此外，在更换锯片或磨光片时应当关闭电源。

7.4.2.2 要做好对制作材料表面的处理

使用机械加工建筑模型时，首先必须确保模型材料表面没有钉子或螺丝，也没有明显的凹陷区域；其次，还需要使用相关工具对这些模型材料进行基础性裁切、剖切或锯切，以使其能够更好地适用于机械设备的加工。

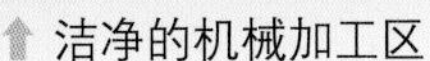
洁净的机械加工区

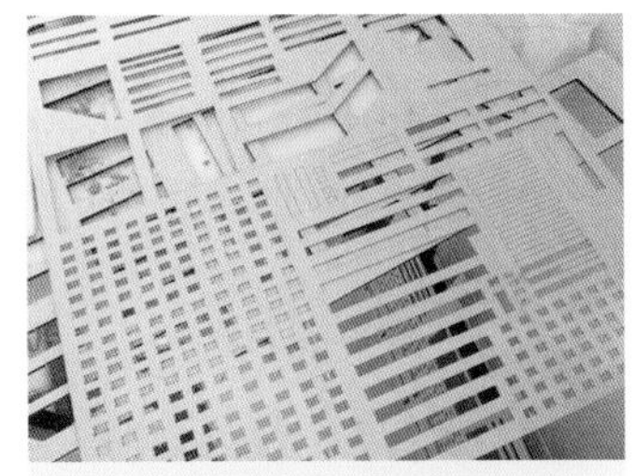
依轮廓获取模型零部件

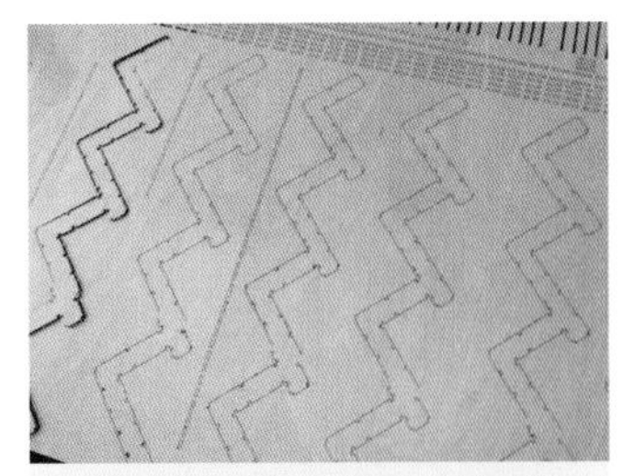
裁切后板面保持平整

左：要求每个工作日打扫加工区，防止灰尘、杂物进入设备中。
中：在设计软件中，按图形根据板料尺寸完成排料，同时依轮廓获取模型零部件。
右：异形板料雕刻应适当设计连接点，防止其在雕刻过程中脱离母板，被雕刻刀头触碰导致破坏。裁切后，板面应保持平整。

7.4.2.3 做好安全防护工作

在制作建筑模型过程中，以手工操作切割、钻孔、打磨等工艺时，不要戴织物手套，以免锯片、钻头等将手套卷入设备，对人员造成伤害。

7.4.2.4 材料切割要精准

为保证建筑模型的美观，在使用机械切割材料时必须严格按照要求施工，材料的切割参考线绘制要精准，切割所选用的刀具也要合适，切割平台也必须干净、平坦。此外，对于特殊造型，仍需采用手工修饰处理。

曲线锯对板材锯切

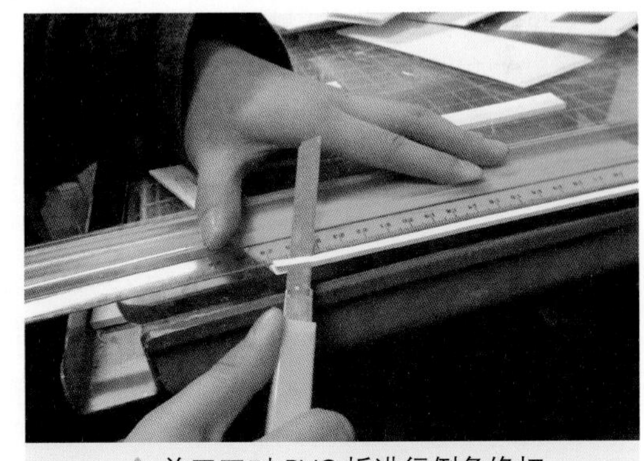
美工刀对 PVC 板进行倒角修切

左：曲线锯加工速度应当缓慢，不能急躁；应用手扶稳板料，手与切割锯片保持 30mm 以上。
右：用美工刀对 PVC 板进行倒角修切时，尽量保持 45° 角；当然也不必强求，后期可以用砂纸打磨、修饰。

7.4.2.5 正确使用工作台面

使用机械加工建筑模型时不可同时使用横、纵台面，已经切割的材料必须与机械隔离开来；否则，容易与锯片相撞，导致锯片受损，材料断裂。

7.4.2.6 注意小构件的加工

（1）对于规格较小的模型构造，加工时往往握持力不佳，且容易倾斜。因此，使用机械横向切割模型小构件时，应当选用质地轻薄且四边平整的木板，以便能够在横向方向上延长模型构件，并以此提高模型构件的握持力。此外，在机械施工时还需控制好锯片的伸出长度，通常应超出模型构件 6～10mm。

（2）使用磨光机或锉刀打磨建筑模型小构件表面时，可选择使用木板来辅助加工；这样也能控制住模型构件，使磨光工作保持稳定。

7.4.2.7 磨光机使用方向要正确

磨光机的转动方向应当是垂直向下运动，在打磨模型构件时应当只在一旁打磨。如果同时在另一边也要完成磨光工作的话，可能会造成磨光灰尘被掀起，使模型构件出现断裂。

⬆ 绳锯切割与工作台面

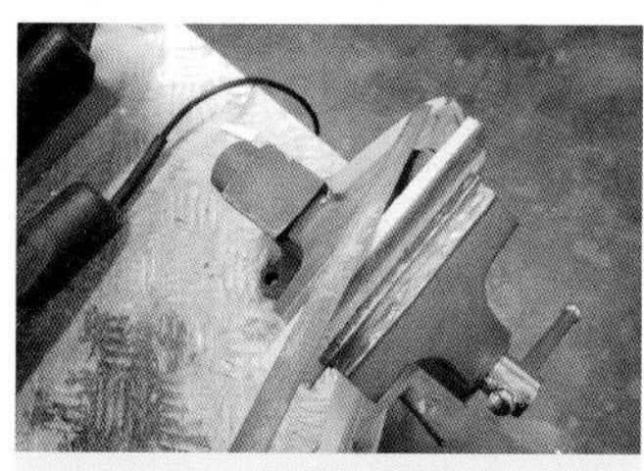

⬆ 小结构打磨

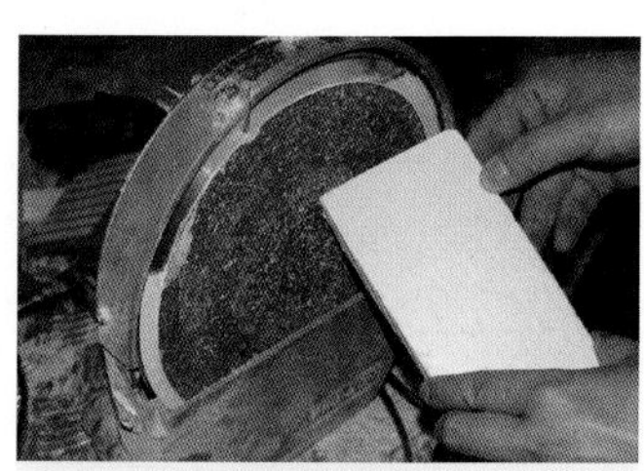

⬆ 磨光机打磨

左：绳锯适用于密度较高的木料、塑料切割，但因锯条较细，容易断裂。操作台面应当保持干净，以避免杂物与锯条发生接触，对锯条产生破坏。

中：使用磨光机打磨完小构件后，还需用锉刀再次细化构件，可使用夹持工具将小构件固定在工作台上，使其与工作台呈垂直关系；然后，再用锉刀打磨构件，直至形成平整且光滑的表面。

右：在使用磨光机打磨构件时，需来回摇动模型，这样能够避免摩擦时产生的热量灼烧模型表面，使其表面出现烧焦或凹槽等不佳现象。

小贴士

雕刻机选购

首先，需要明确雕刻机的工作性质，应根据模型材料的大小、材质、厚度、重量，以及雕刻要求、雕刻效果等选择雕刻机。其次，要根据需要选择不同的型号，并安装相对应的软件。最后，在正式购买前观察雕刻样品，并选择样品材料完成现场雕刻，观察雕刻时的工作状况和最终雕刻效果。

7.5 建筑模型组装与修饰

将建筑模型零构件根据设计图纸组装在一起，并进行必要的修整和装饰，这些均需要设计师具备良好的耐心与较高的审美能力。

7.5.1 组装要领

建筑模型的装配工作可分为部件装配和总装配，主要包括基础装配、后期调整、模型审核、模型涂装、模型底台包装等工作。

(a) 建筑模型构件组装

(b) 建筑模型局部涂装

(c) 建筑模型底台包装覆面

建筑模型装配过程

a：ABS 板采用丙酮胶水粘接，无明显粘接痕迹；组装、粘接时要严格保持横平竖直，对照图纸在模型构件底部的编号，方便后期对应位置进行安装。

b：多色喷漆时要将其他色彩部位用美纹纸粘贴，防止其他颜色误喷而导致污染。

c：模型底台多采用细木工板或中密度纤维板制作，制作方式与常规家具类似；只是外部装饰需根据模型内容而定。本图的模型展台为军事沙盘模型，因此选用数码迷彩布覆盖，采用白乳胶将数码迷彩布粘贴到底台板材表面，周边转角至内侧，采用 U 形气排钉固定。

7.5.1.1 基本条件

建筑模型装配时要明确模型构件的安装位置和连接方式，固定完成的建筑模型构件应具备可调性。

7.5.1.2 装配方法

建筑模型装配时要确定好装配顺序，常用的装配方法可细分为调整法、修配法和选配法等。

（1）调整法。在装配时，可使用调整件来加强模型构件的稳固性，常用的调整件有螺纹件、斜面件等。这种方法比较适用于规格较小、结构比较复杂的建筑模型。

（2）修配法。可使用锉、削、刨、磨等工艺来改变模型构件的形状、规格等，以使其能够满足美观要求。这种方法装配效率较低，且所需人工成本较高，对操作人员的专业要求也较高。

（3）选配法。选配法是根据模型构件的结构与特色和设计图纸要求，将彼此之间存在联系的模型构件置于同一处进行组合和装配。采用这种装配方式，能够有效节省时间。

7.5.1.3 装配工艺

常见建筑模型的装配工艺很多，能够满足不同材料和结构的制作需要。

（1）清洗和修补。建筑模型装配之前应当对模型构件与底板进行基础清洗、修补，为了确保装配的紧密性和牢固性，必须要对模型构件表面进行检查；如有污渍或凹陷，应当及时作适当修补，还要根据模型材料的特性选择清洗方式和修补方式。

（2）整体平衡。应注重检查建筑模型的构件四边是否平整，是否能够与其他构件稳固连接在一起。在装配过程中，应参照设计图纸及时调整模型构件的安装位置，以获得整体平衡。

清理底盘（底板）台面灰尘

模型构件粘接平整

左：中小型鼓风机是清除模型台面残余边角料的最佳工具，其工作效率高；同时，利用其能检查模型构件的安装牢固度，及时发现粘接不佳的树木、人物、车辆、草坪，及时补胶、修复。

右：形体结构较长的建筑模型构件，应当摆放在玻璃台面上进行组合粘接，防止因台面不平而导致组装变形。

（3）粘接。常见的纸质材料、轻薄塑料、木料等都可选用这种装配方式，部分金属材料也可选择该种方式。在装配之前，应根据材料特性选择合适的胶黏剂，可采用热熔胶、万能胶等。机械制作建筑模型时多选用成品树木，在粘接这些树木之前，应当将粘接面和被粘接面均清理干净，并在树木底部涂抹合适的胶黏剂；待树木固定后，还需将多余的胶黏剂清除掉，应注意粘接过程中树木不能歪斜。

热熔胶枪口很烫，容易破坏已完成的模型构造，因此要备一块厚板垫在下部。

采用热熔胶粘接树木

还应控制挤压溢出的热熔胶量；不要用手或工具抹除热熔胶，以防止出现拉丝现象。

树木粘接保持垂直

左：热熔胶的平面粘接能力不强，主要用于形体较大的树木插接安装；可预先采用电钻在底板上钻孔，再将热熔胶少许涂抹到树木底端，迅速将树木插入孔中，能瞬时干固。

右：插入树木时应保持垂直，每插入一棵树时，至少应当在两个角度观察是否垂直。

（4）刮削。在装配前对模型零构件表面进行必要的刮削加工，可保证装配的配合精度。由于材料不同，多为手工处理；有时也会选择精磨和精刨等方式来加工构件的装配面。

（5）螺纹连接。利用扳手、气动工具、电动旋具、液压旋具等工具以紧固各种规格螺纹件，以此来实现装配建筑模型的目的。

（6）校正。校正也是审核建筑模型装配效果的过程；需要应用各种测量工具测量出建筑模型的零构件规格是否正确，各构件的配合面形状精度是否准确，以及各构件的安装位置精度是否准确等。

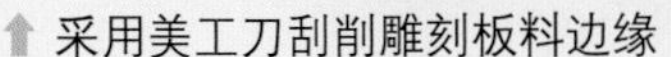

⬆ 采用美工刀刮削雕刻板料边缘

⬆ 校正摆放位置

左：在机械雕刻中，部分硬质材料需要待雕刻完毕后再精修，主要为 PC 板、厚有机玻璃板等；或换用高强度雕刻刀头进行加工。

右：每个模型构件组装并完成喷漆后，应当根据图纸编号预摆放，待确定无误后再粘贴固定；部分大面积建筑模型，需要在展陈现场内组装，以免因运输不便而导致破坏。

7.5.2 修饰要领

修饰的目的是为了完善建筑模型，使其具备更高的观赏价值。

7.5.2.1 确定修整顺序

建筑模型所囊括的内容较多，如单体建筑、桥梁、绿地、树木、花坛、水池、座椅、汽车、路灯等；通过确定严谨的修整顺序，能够有效提高模型的制作效率，也能避免漏项。常见的修整顺序包括由主到次、由左到右等；同时，也可根据模型元素的不同，进行分类修整。

7.5.2.2 修整时要有条理

建筑模型的修整工作通常不能很仓促，需要设计师缓慢且有条理地完成修整工作。修整时，要注意保持模型构件的基础形状，构件尺寸需符合设计规定；不可改变模型构件的形状，这不仅会破坏建筑模型的整体构造，对于建筑模型整体的稳固和美观也会有很大影响。

7.5.2.3 选择不同的喷涂材料

不同性质的喷涂材料有着不同的浸透性，应当根据制作材料的不同来选择合适的喷涂材料；喷涂的颜色应当符合设计要求。

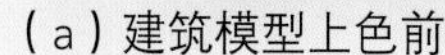
（a）建筑模型上色前

（b）建筑模型上色完成

⬆ 建筑模型修饰

a：建筑模型上色前通常不安装内部窗户上的有机玻璃板，待喷漆完成后，再安装；喷漆前应修饰边角毛刺，避免涂料流挂。
b：喷漆后安装窗户上的有机玻璃板、窗台围栏、空调罩围栏、阳台围栏等构件，所选用的喷漆为聚酯漆，其色彩丰富、价格低廉、附着力强。

（1）亚克力树脂涂料。这种涂料有很好的显色性，适用的材料种类也较多，使用比较方便；通常由塑料制作而成的模型构件多选用该种涂料上色。

（2）油性着色剂。这种着色剂能渗入材料的纤维或气孔中，着色效果较好；除了油性着色剂外，还有水性着色剂。水性着色剂不适用于木质材料的喷涂。

7.6 图解机械加工建筑模型制作步骤

机械加工建筑模型过程十分严谨，应依照特定的制作步骤，在有限的时间内完成模型制作；同时，应尽量减少误差和漏项，提高机械加工建筑模型的制作效率。

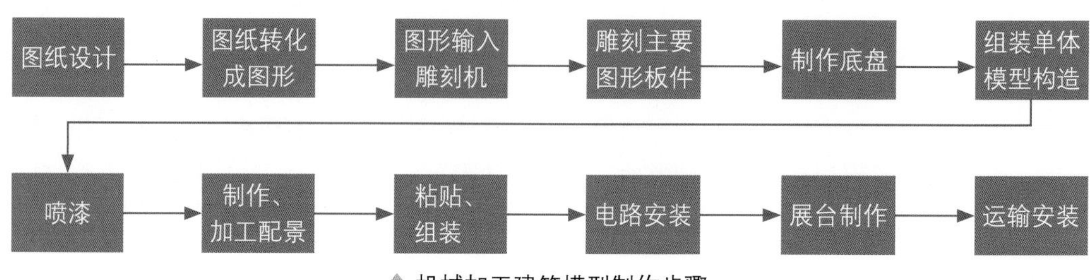

⬆ 机械加工建筑模型制作步骤

上：机械加工设备与板料价格较高，生产成本相对较高。因此，需要一套严格的步骤来指导建筑模型的制作，以降低成本，提高效益。

7.6.1 工业厂区建筑模型制作

工业厂区内多会配置生产区、住宿区、休闲区、绿化区等。在制作工厂区建筑模型时，要有良好的大局观念，建筑模型的比例与楼间距等要调节好，绿化面积在整体模型中所占的比例要合理，整体模型在视觉感官上一定要平衡。

（a）在雕刻机内输入图纸信息

（b）调整好数据后开始雕刻

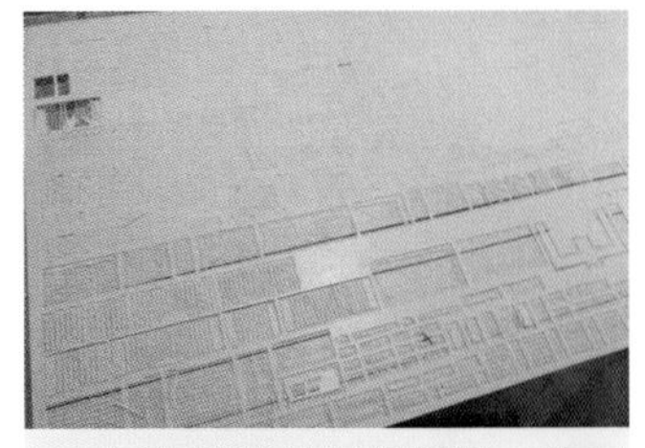
（c）取出雕刻好的图形，待用

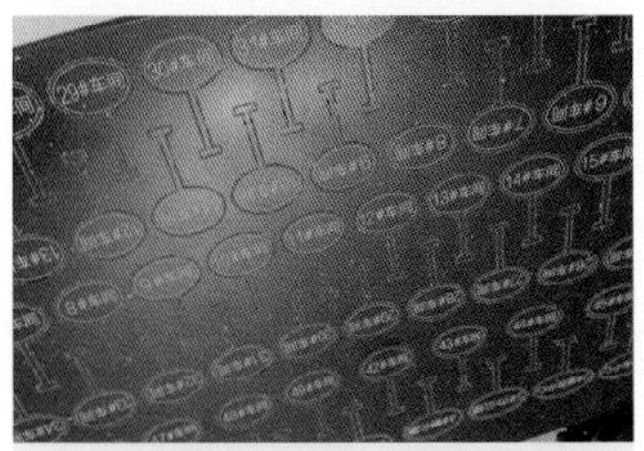
（d）雕刻好的建筑标记，待用

（e）雕刻好的文字说明，待用

（f）用刷子清除图形上的碎末

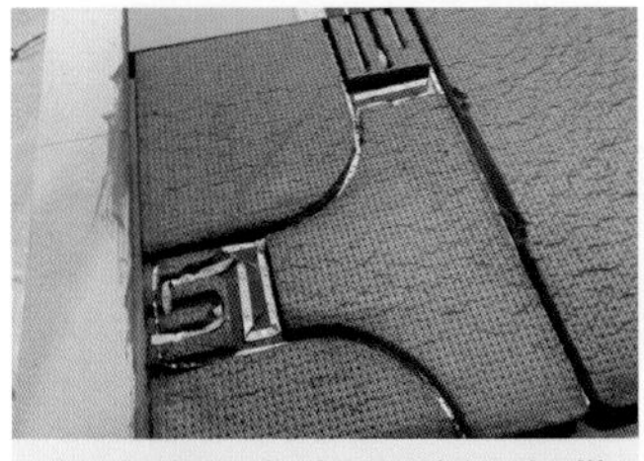
（g）安装泡沫造型板和灯带

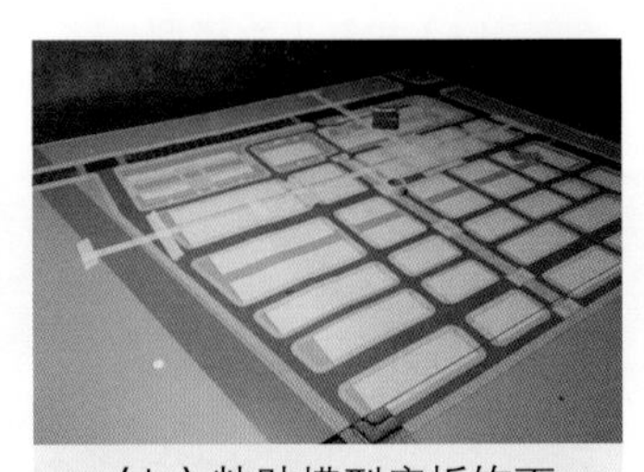
（h）粘贴模型底板饰面

（i）涂刷胶黏剂，撒下草粉

（j）用刷子扫除多余草粉

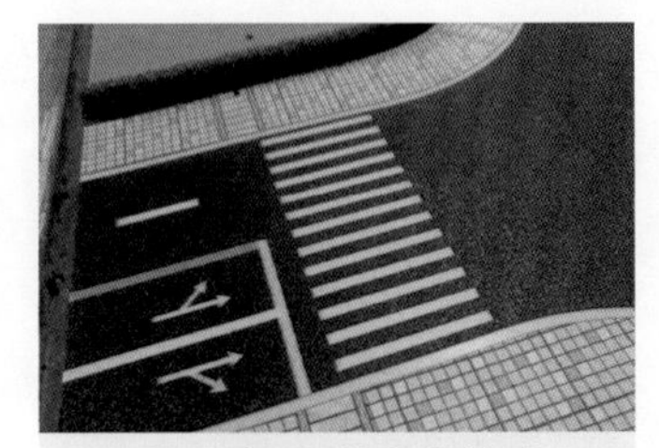
（k）打印道路并粘贴

（l）根据图纸布置绿植

（m）组装单体建筑

（n）准备好喷涂材料

（o）使用喷枪给建筑上色

（p）根据需要，裁剪窗户 PC 板

（q）粘贴窗户并完善建筑物

（r）粘贴、安装建筑物

（s）根据图纸布置建筑物

（t）放置人物模型

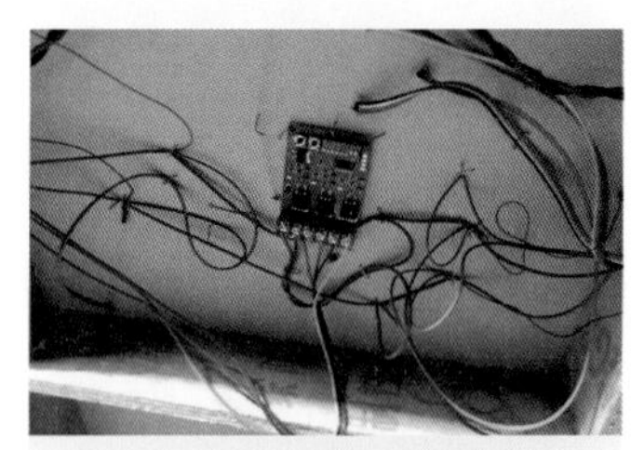
（u）检查电路，安装开关

（v）底盘（底板）制作完成后，检查灯具亮度和是否有漏项；若无，则可交付使用

⬆ 工厂园区建筑模型制作步骤

7.6.2 飞机场建筑模型制作

飞机场主要包括飞行区、航站区、工作区、塔台设施区、气象设施区、供油设施区、机务维修区、消防急救区、进场道路区等，要明确这些功能分区的位置，并能合理布局。在制作之前，应收集相关设计资料，如飞机场未来的航空业务量、飞机场的发展规模和规划要求、飞机场主要设施各自所占的面积比、飞机场的平面布局图、飞机场和周边区域的土地规划情况、飞机场的绿化面积要求、飞机场的绿化布局要求、飞机场模型制作的投资和预算等。

(a)输入飞机场图纸信息并调试

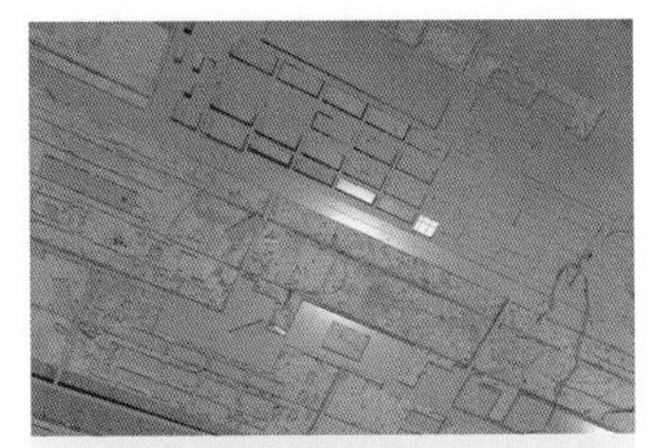
(b)部分雕刻图形，待用

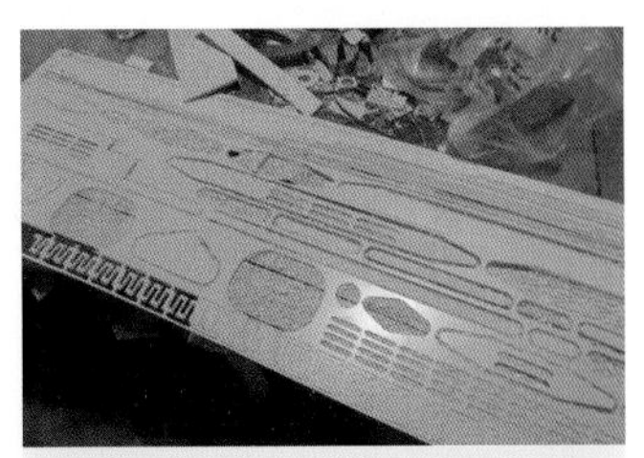
(c)处理好的部分雕刻图形，待用

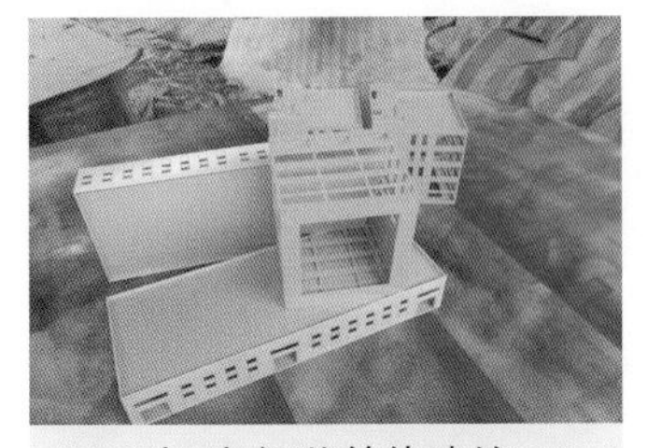
(d)组装单体建筑

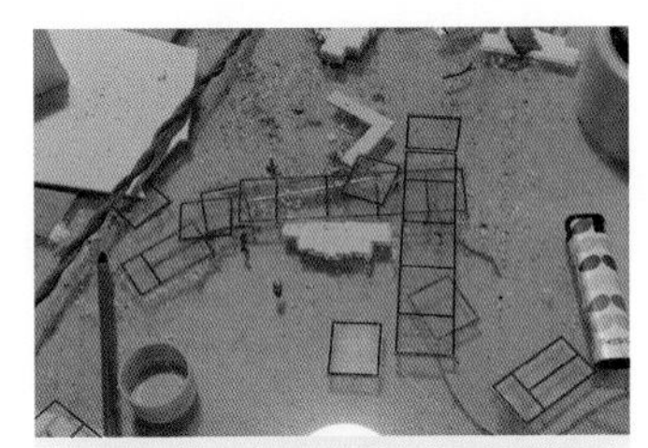
(e)准备窗户模型

(f)建筑组装完毕，待用

(g)建筑上色

(h)选择合适的绿植并粘贴

(i)准备飞机模型，待用

(j)裁剪合适的草皮，待用

(k)根据图纸，配置建筑物

(l)粘贴飞机模型并规整建筑

(m)根据图纸安装剩余路边线

(n)完善绿化，并安置车辆模型

(o)电路安装后，检查

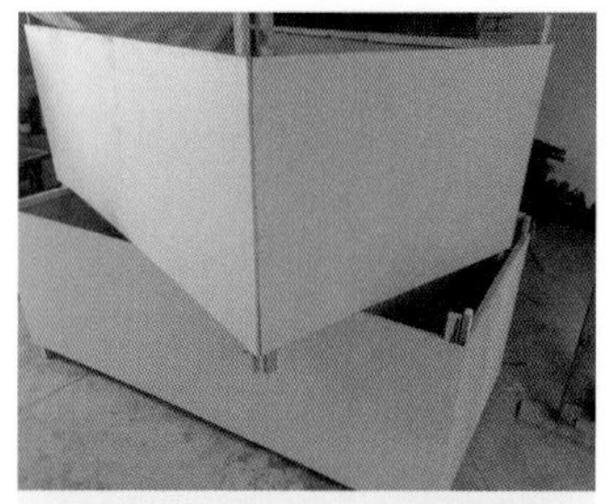
(p)制作底盘(底板)

(q)底盘(底板)包装

(r)制作文字说明牌

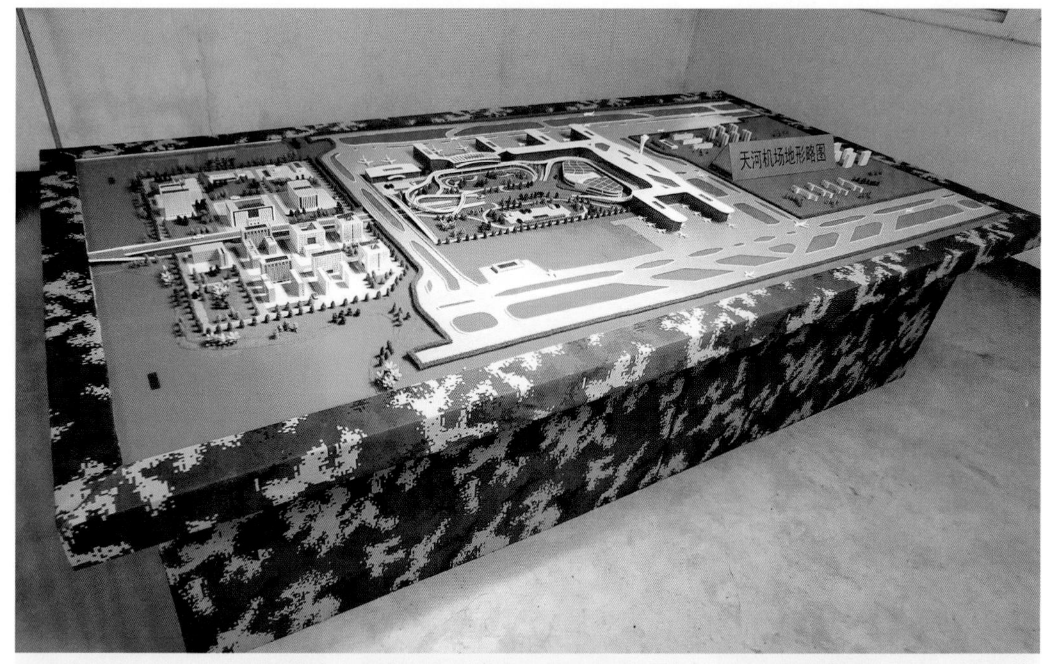

(s)制作完成，检查灯具亮度和是否有漏项；若无，则可交付使用

飞机场规划建筑模型制作步骤

7.7 机械加工建筑模型赏析

本章小结

机械加工建筑模型的制作十分严谨，且随着科技和时代的进步，用于制作建筑模型的机械设备技术水平也正在不断提高，其功能将会日益强大，制作精度和效率也会更高。但无论如何，设计师必须明确一点，建筑模型的质量与技术水平的关键在于人，仍取决于模型设计师的专业素养与水平。

参考文献

[1] 沃尔夫冈. 科诺.建筑模型制作：模型思路的激发 [M]. 2 版. 大连：大连理工大学出版社，2007.
[2] 远藤义则. 建筑模型制作 [M]. 北京：中国青年出版社，2013.
[3] 原口秀昭，凤凰空间. 图解建筑设计入门 [M]. 南京：江苏凤凰科学技术出版社，2020.
[4] 建筑知识编辑部（日）. 易学易用建筑模型制作手册 [M]. 2 版. 上海：上海科学技术出版社，2020.
[5] 尼克·邓恩. 建筑模型制作 [M]. 2 版. 北京：中国建筑工业出版社，2018.
[6] 叶先进. 地理美育：建筑赏析与模型制作 [M]. 南京：南京师范大学出版社，2016.
[7] 杨丽娜. 建筑模型设计与制作 [M]. 北京：中国轻工业出版社，2017.
[8] 梁宇珅. 模型摄影与特效场景技术指南 [M]. 北京：机械工业出版社，2018.
[9] 杨大奇. 建筑模型制作 [M]. 长沙：湖南大学出版社，2019.
[10] 周忠凯，赵继龙. 建筑设计的分析与表达图式 [M]. 南京：江苏科学技术出版社，2018.